庭院造景施工手册

石艺造景

常华溢 ——— 主编

江苏凤凰科学技术出版社 · 南京

图书在版编目（CIP）数据

石艺造景 / 常华溢主编 . -- 南京 : 江苏凤凰科学技术出版社 , 2024. 9. -- ISBN 978-7-5713-4598-3

Ⅰ . TU986.2

中国国家版本馆 CIP 数据核字第 2024CT7154 号

庭院造景施工手册

石艺造景

主　　编	常华溢
项目策划	凤凰空间 / 杜玉华
责任编辑	赵　研　刘屹立
责任设计编辑	蒋佳佳
特约编辑	杜玉华
出版发行	江苏凤凰科学技术出版社
出版社地址	南京市湖南路 1 号 A 楼，邮编：210009
出版社网址	http://www.pspress.cn
总 经 销	天津凤凰空间文化传媒有限公司
总经销网址	http://www.ifengspace.cn
印　　刷	雅迪云印（天津）科技有限公司
开　　本	787 mm×1 092 mm　1 / 16
印　　张	10.5
字　　数	200 000
版　　次	2024 年 9 月第 1 版
印　　次	2024 年 9 月第 1 次印刷
标准书号	ISBN 978-7-5713-4598-3
定　　价	78.00 元

图书如有印装质量问题，可随时向销售部调换（电话：022-87893668）。

前言

跟随着自己的心灵，我们对想象中的庭院进行描述，通过文字、符号、图纸，或利用现代计算机软件使之视觉化。接下来的事情，就是将这些内容在现实空间中用各种材料进行围合、建造，使这种想象成为能够容纳我们自身和行为的具体空间，让我们的身心能够在这个空间中获得体验。这个阶段的工作被称为“造园”，涉及基础工程与景观小品、花境绿化、石艺造景、水景工程等方面，涵盖各种庭院的设计与施工知识。

本书系统讲解有关庭院石艺造景的相关知识，可以为设计师与施工人员提供工作依据与解决之道。山石是渲染庭院空间氛围的重要组成部分。在设计与施工的过程中，石艺造景的技术含量较高，需要投入大量的人力物力。

石艺造景从设计上来看，强调叠山置石，特别是将中国传统园林景观中的山石元素转换到现代庭院中时，需要转变设计思路，将传统山石的自然特征加以塑造，改良山石的审美形态，统一规划布局。此外，还要将庭院中的景观小品、绿化、水景与山石融为一体，形成全新的庭院生活环境。

石艺造景从施工上来看，不仅要结合地形地貌特征，还要将庭院中的土方、水景、绿化、景观小品有机融合起来，尤其要在石艺造景中加入建筑或建筑微缩形体，给自然、朴素的山石注入人文思想，提升庭院的视觉效果与文化内涵。由于山石的形体较大，会占用部分庭院面积，甚至影响居住者在庭院的正常活动，因此在设计与施工过程中要注重山石的比例与尺度。在追求石艺造景审美的同时，还要引入传统美学原理，将我国传统人文哲学观念注入其中。

想要做好庭院石艺造景的设计与施工，结合本书知识点，应当从以下几个方面入手：

（1）厘清石艺造景的审美设计原理，在山石造型、表面纹理、组合逻辑等不同细节上统筹规划。尤其要注意山石的品种与寓意，不同的山石代表的人文思想是不同的，需要搭配不同的绿化、水景、建筑来诠释。

（2）正确识别常见的山石品种，从山石品种特性入手，保证山石表意的正确性。尤其是确认山石名称、纹理、质感、色彩、造型等，保障庭院中的山石运用达到完美的视觉效果。

（3）庭院置石主要分为特置、对置、散置、群置等多种方式，要严格把控山石的造型审美形式。从特置开始思考山石的独立形体特征，对山石逐步分层布置。由远及近、由整体向局部过渡，不能出现视觉中断，不能随意拼凑庭院空白区域。

（4）熟悉山石塑造工艺，引入现代成品配件。在石艺造景过程中，因为要合理运用一些成品配件快速支撑或构建山石形体，所以要对庭院山石材料进行市场考察，了解电商网店与实体店的产品信息，选择合适的成品构件用于庭院中。尽量购置成品件，可提升施工效率，降低人工成本。

庭院石艺造景是人与自然对话的媒介，是庭院生活中的重要观赏对象。通过石艺造景，能让大自然启迪人的心灵，给这个世界带来更多丰富、灿烂、和谐的事物。

常华溢

2023年10月

目录

1 山石材料

2 山石构筑物

3 假山

4 置石与山石器具

5 山石园景

1

山石材料

庭院用山石

▲ 庭院用山石主要为天然火成岩，其中以具有一定审美纹理、色彩的石材为佳，采石场将这些石料加工成形态各异的产品，供人们打造不同风格的庭院时使用。

本章导读

我国幅员辽阔，疆域广大，地质构造与气候变化多样，这为各地庭院山石塑造提供了优越的条件，使得各地庭院设计建造形成了不同的特色。多数山石材料可作为造园叠山之用。本章将根据山石材料不同的性质及造型特点，分门别类进行介绍。

1.1 山石品种

人们在长期的庭院建造实践中，把常用的山石材料主要分为以下几种。

1.1.1 太湖石

太湖石又称为窟窿石、假山石，因盛产于江苏太湖地区而闻名，是一种玲珑剔透的石头。太湖石是一种石灰岩，是石灰岩遭到长时间侵蚀后形成的，有水石与干石两种。水石是石灰岩在河湖中经水波荡涤，历久侵蚀而成；干石则是地质时期的石灰石在酸性红壤的长期侵蚀下形成。

在我国传统庭院中，太湖石多用于室内外小品、景观，可营造出人与自然合而为一的精神氛围。太湖石形状各异，姿态万千，玲珑剔透，其能体现出皱、漏、瘦、透等审美特色，以白灰石为多，少有青黑石、黄石，具有很高的观赏价值。太湖石一直以来都是我国古代皇家园林的布景石材，随着社会的发展，太湖石的开采与应用也逐渐普及。

直接开采的太湖石较零散，石料表面有孔洞与皱褶，可表现出丰富的形态，在庭院塑造时常组合使用

完整的太湖石比较昂贵，形态丰富，多独立竖向放置，需要加强底座支撑的稳固性

太湖石荒料

太湖石整形

太湖石适合布置在面积较大的阳台或庭院中，既可配置水景，又可以独立放置，周边还可以添加形态自然的绿植，营造出大自然的山野气息。选择太湖石可以参考以下方法。

看综合品相

太湖石在我国各地专业的石材市场、园林市场、花木市场均可购买，只是价格差距很大，其价格主要根据石材的形态、体量、颜色、细节审美等因素来制定。

2. 看细部镂空

评价太湖石的品质，主要通过观察石材的局部镂空细节，具备审美价值的太湖石虽然在镂空处显得棱角分明，但是转折造型依然要自然均衡，不能有明显的加工打磨痕迹。

3. 看皱褶

太湖石上所能看到的全部镂空与皱褶，彼此间的走势应当一致，每处镂空面积的大小不能全部相同，又不能对比过强。

4. 看设计体量

用于庭院布景的太湖石体量不宜过大。如果准备竖向放置，则高度一般为 1.2 ~ 2.5 m；如果准备横向放置，则宽度一般为 0.8 ~ 1.6 m。

5. 看选料构思

太湖石的颜色一般为白灰色、中灰色，如果庭院面积较大，可以穿插少量青黑色或黄色的太湖石。摆放太湖石虽然可以比较随意，但是最好突出布景中心，围绕主体石料进行布置，不宜过于零散，也不宜摆放成拘谨的对称格局。

安装太湖石时，可以先用切割机将石料底部切割平整，再用 1 ∶ 3 水泥砂浆将其固定在地面上。如果放置在室内，则应考虑楼板的承重能力，不宜放置形体过大的石料。

安装完成后，在水泥接缝处摆放少许各色碎石进行遮挡即可。如果在盆景中布置太湖石，那么可以将石料底部植入土壤，土壤深度一般为石料高度的 20% 左右，也可以通过增添水泥砂浆稳固基础。

形体较好的太湖石价格昂贵，多为竖立状态安装，可表现出高耸、伟岸的视觉效果

形体较小且细节丰富的太湖石可以植入盆中，通过土壤固定，形成精美的装饰品

竖立的太湖石

盆景太湖石

1.1.2 英德石

英德石因产于广东英德而得名，具有悠久的开采与欣赏历史，其有皱、瘦、漏、透等特点，极具观赏与收藏价值。英德石属于沉积岩中的石灰岩，山石经过溶蚀风化后显露嶙峋褶皱之状。加上当地日照充分、雨水充沛，山石易崩落到山谷中，经酸性土壤腐蚀后，呈现嵌空玲珑的形态。

英德石本色为白色，因为风化及富含杂质而呈现出多种色泽，比如黑色、青灰、灰黑、浅绿等颜色，常见有黑色、青灰色，以黝黑如漆为佳，石块常间杂白色方解石条纹。英德石材质坚而脆，佳者敲击有金属声。英德石轮廓变化大，常见的窥孔石眼，玲珑婉转。石材表面褶皱深且密，是各种山石中外形最为突出的一种，有蔗渣、巢状、大皱、小皱等不同形状，精巧多姿。石体一般正反面区别较明显，正面凹凸多变，背面平坦无奇。

英德石种类多，主要分为阳石与阴石两大类。阳石裸露于地面，经长期风化，质地坚硬，色泽青苍，形体瘦削，表面多褶皱，扣之声脆，分为直纹石、横纹石、大花石、小花石、叠石、雨点石，是瘦与皱的典型，适宜制作假山与盆景。阴石深埋于地下，风化不足，质地松润，色泽青黛，有的石材掺有白色纹理，形体漏透，是漏与透的典型，适宜独立成景。

英德石荒料的形态较小，纹理成条状，有较明显的沟壑，表面色彩为深灰色

英德石荒料

经过筛选的英德石沟壑纹理更加明显，勾缝中的灰尘被冲刷干净，色彩对比加大，具有较强的沧桑感

英德石整形

在庭院中，英德石一般被用于制作假山与盆景。对于体量较小的英德石，可专门为此石设计储藏柜、格、架进行收藏观赏，比如在庭院空间的背景墙上预留一定的空间，专门用来放置英德石，同时配置明亮的灯光，形成质地晶莹、形态多变的观赏效果。

英德石盆景

形体较小的英德石除了有横向沟壑纹理，还兼具漏、皱、透、瘦的特点，石料表面色彩局部为黄色或浅灰色，色彩对比有层次感。大石料中的细节被微缩在一座小小盆景中，底部打磨平整后可稳固地置于台基上

英德石在我国各地专业的石材市场、园林市场、花木市场很难买到，且价格较高，其具体价格主要由石材的形态、体量、颜色、细节审美等因素决定。选用英德石可以参考以下方法。

1. 看综合品相

评价英德石的品质，主要通过观察石材的外观颜色与细节。英德石一般有黑色、灰黑色、青灰色、浅绿色、红色、白色、黄色等多种颜色，其中以纯黑色为佳品，彩色为稀有品，石筋分布均匀、色泽清润者为上品。

2. 看细部

从细节上也可以看出英德石的优劣，细节特点主要体现在瘦、皱、漏、透四个方面：瘦指形态嶙峋；皱指石材表面纹理深刻，棱角突显；漏指滴漏流痕分布适中、有序；透指孔眼彼此相通。阴石表面圆润，有光泽，多孔眼，侧重漏与透；阳石表面多棱角，多皱褶，少孔眼，侧重瘦与皱。

3. 看品类

英德石可分为珍品、精品、合格品。石料的四面均具有瘦、皱、漏、透等审美效果的为珍品；具有瘦、皱、漏、透等特征，且色泽纯黑、纯白、纯黄或彩色的为精品；具有瘦、皱、漏、透特点之一的为合格品。

根据设计构思选好石料后，应精确计算所需石料数量，按需购买，同时购买相应数量的水泥、砂或瓷砖胶。

砌筑时应从底部向上逐层堆砌叠加，水泥砂浆的比例为 1 ∶ 3，或直接用瓷砖胶砌筑，黏结材料不要外露，以免破坏美感。石料横向摆放布置，相互交错，为了美观，可考虑设置悬挑造型。

较小的石料组合造型可以用云石胶粘贴。将软质塑料给水管从石料的中央底部向上穿插至石料的中上端，需要在石料中钻孔。如果石料组合为靠墙放置，也可以将给水管安装在石料背后。若希望形成瀑布般的平缓水流，则需要在石料的出水口进行打磨，将出水口底部打磨平整

较大的石料组合造型可以用水泥砂浆或瓷砖胶粘贴组合，上下层石料之间应打磨平整，摆放后的贴合面要尽量大，这样才会显得平稳。英德石不需要用土壤来支撑，以免影响石料的纹理皱褶效果。横向摆放的石料要设计悬空造型，将自然山川中险峻的景观微缩强化

英德石与水景搭配

英德石组合

1.1.3 灵璧石

灵璧石又称为磬石，产于安徽灵璧县浮磬山，是我国传统的观赏石之一。灵璧石漆黑如墨，也有灰黑色、浅灰色、赭绿色等颜色，石质坚硬，色泽素雅美观。

灵璧石分为黑、白、红、灰四大类，共有 100 多个品种，形体较大的放置在庭院，只可观赏，可群置，也可单独置放。灵璧石一般用于制作小型假山与盆景，由于体量较小，因此可以专为此石设计艺术造景，搭配底座、绿化植物等元素，将灵璧石作为一件艺术品来陈列。为了提高灵璧石的观赏价值，可以在石料表面喷涂聚酯清漆，提高表面的质地效果，使其更加光亮，具有更好的视觉效果。

灵璧石硬度高，由于在石料中存在许多高硬度颗粒，经过打磨修饰后，仍然无法使其平整，所以这些包含颗粒的断面会裸露在外部，在质感上与石料其他部位形成对比

灵璧石组合的沟壑要形式统一，可在石料表面进行雕琢，沟壑形体要求贯穿整个石料表面，凹凸有致

灵璧石单体

灵璧石组合

深灰色灵璧石的沟壑需要进行深度加工，让沟壑形成较狭长的造型，不同沟壑的方向与深度均不相同。外凸的造型可用角磨机打磨光洁，与内凹造型的粗糙质感形成对比

灵璧石沟壑

灵璧石不同于太湖石，在我国各地专业的石材市场、园林市场、花木市场很难买到，且价格较高，其具体价格主要由石材的形态、体量、颜色、细节审美等因素决定。市场上能买到的灵璧石主要为小体量石材。选用灵璧石可以参考以下方法。

1. 观察外观

仔细观察灵璧石背面，看有无红色、黄色砂浆附着在上面，如果有，则说明灵璧石是由多块形体较小的石料拼接的，并非天然石料。这些红色、黄色砂浆是用于石料粘结的残余水泥砂浆，最终形成的拼接灵璧石外观审美不佳。

2. 查看质地

观察灵璧石的质地，正宗灵璧石表面应当光滑温润，手感极佳，且瘦、皱、透、漏的特点不影响其质地效果。

3. 观察纹理

观察灵璧石的纹理，正宗石料应有特殊的白灰色石纹，其纹理自然、清晰、流畅，石纹呈 V 形；而经过人工加工的石纹呈 U 形，纹色也不自然。如果用水洗，人造石纹即刻展现，且水干得慢，正宗灵璧石纹理表面则干得较快。

4. 听声音

弹敲或用铁棒敲打听音，若是正宗灵璧石，可听到清脆声音。

灵璧石沟壑与皱褶部位的凹凸形态十分丰富，且有加工打磨的痕迹。由于其硬度较高，所以凿切后的断面较为锋利

（a）整体

（b）沟壑

（c）皱褶

灵璧石单体

灵璧石一般是顺应纹理沟壑竖向安装，要规划好石料间相互依托的支撑点，不能仅依靠水泥砂浆或瓷砖胶来黏结。

竖向摆放时，底座要稳固结实，应当将石料底部埋入基础水泥砂浆中 100 mm 以上，周边配置碎小石料进行支撑。

1.1.4 黄蜡石

黄蜡石又名龙王玉，因石料表层内的蜡状质感而得名。黄蜡石属于矽化安山岩或砂岩，主要成分为石英，油状蜡质的表层为低温熔物，韧性强，硬度较高。黄蜡石主要产于广东、广西地区，产于广东东江沿岸与潮州的质地最好，石色纯正，石料质地以润滑、细腻为贵。

由于形成过程中掺杂的矿物不同，因此黄蜡石有黄蜡、白蜡、红蜡、绿蜡、黑蜡、彩蜡等品种；又因为其二氧化硅的纯度、石英体颗粒的大小、表层熔融的情况不同，可分为冻蜡、晶蜡、油蜡、胶蜡、细蜡、粗蜡等种类。黄蜡石的最高品质是质冻色黄、黄中透红或多色相透，其中冻蜡可透光至石心。黄蜡石之所以能成为名贵观赏石，除具备湿、润、密、透、凝、腻等特征外，其主色为黄也是重要因素。

黄蜡石中黄色最为常见，其中以纯净的明黄为贵，另有蜡黄、土黄、鸡油黄、蛋黄、象牙黄、橘黄等多种颜色。图中为鸡油黄，属于中等偏上品种

黄蜡石荒料局部

黄蜡石荒料表面比较粗糙，但是外形较圆滑，呈卵形居多，若要用于庭院，还需进一步修饰打磨

黄蜡石荒料

形体较小的黄蜡石经过河水冲刷，表面光洁平滑，具有反光效果，适合在庭院中做局部装饰

形体较大的黄蜡石表面需要进一步修饰，用打磨机将凹凸不平的构造边角打磨平整，平整的表面可用于雕刻图案与文字

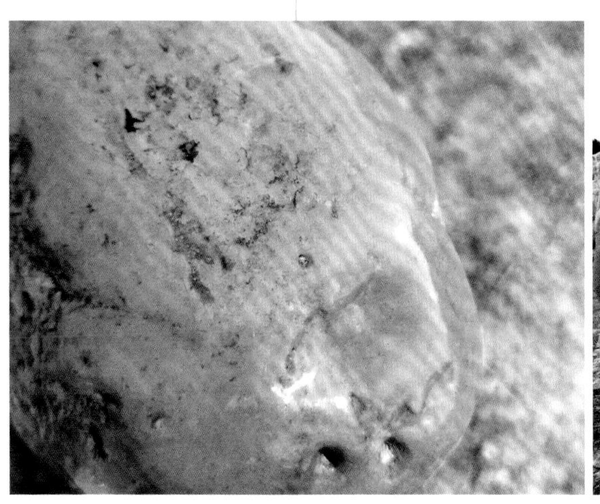

小型黄蜡石局部

大型完整黄蜡石

黄蜡石在我国各地专业的石材市场、园林市场、花木市场均可购买，由于其形态比较单一，各地市场的价格差距不大，具体价格主要根据石材的形态、体量、颜色、细节审美等因素来制定。评价黄蜡石的品质，主要通过观察石料表面的质感，首先以光滑、细腻，无明显棱角，且颜色为土黄、中黄为佳，外观圆整、形体端庄的石料更适合随意放置或设计造型。

庭院水景区的黄蜡石

黄蜡石一直以来都是我国庭院的布景石材，多用于庭院水景的池岸，石头间露出的缝隙更有利于水生植物的生长

露台植栽区的黄蜡石

黄蜡石堆置在盆栽绿化集中处，遮挡住花盆，让庭院绿化植栽显得更加自然

选用黄蜡石可以参考以下方法。

1. 看油性

优质的黄蜡石油性较大，劣质的黄蜡石则不易成油，光泽亮度不够。

2. 看细度

细度是指黄蜡石的细腻程度，这一特点也是和玉化度直接关联的，高玉化的黄蜡石往往细度极高。只有细度高的黄蜡石才经得住精雕细琢，细度不够的话，走细功只会崩刀。

3. 看透光性

黄蜡石具有一定的透光性，但与其他石料不同的是，黄蜡石讲究的是浑厚，并非越透就越好，最好的黄蜡石料往往不是最透的。

4. 看颜色纹理

黄蜡石一般以正黄、正红为最好，有时候白色和棕色也比较好。具有装饰效果的黄蜡石应当具有一定的纹理，或是皱褶纹理，或是裂纹。这些纹理能表现出石料的沧桑感和层次感，是室内外庭院、阳台装饰的首选。

5. 看设计体量

在黄蜡石的施工过程中要注意，用于家居装修与布景的黄蜡石体量不宜过大。如果准备独立放置，黄蜡石的边长一般为 500 ~ 800 mm，上表面经过简单加工后就可以作为石凳、石桌。

用黄蜡石砌筑围合构筑物时，选用的石料边长一般为 200 ~ 500 mm，这样的体量适用于砌筑各种花坛、池坛、围墙基础等构筑物。

砌筑时应预先整理好砌筑基础，底层石料应有 30% 嵌入地下，用于稳固基础。石料之间相互交错，采用 1 ∶ 3 水泥砂浆黏结，过于圆滑的黄蜡石应用切割机修整砌筑面，使水泥砂浆的结合度更好。

砌筑水池驳岸时，还应在水池砌体内侧涂刷防水涂料。黄蜡石的砌筑高度应小于或等于 600 mm，厚度一般为 200 ~ 300 mm。为了防止黄蜡石从驳岸滚入池底，可以在池底预先填埋钢筋，在黄蜡石上钻孔，插入钢筋中即可放置平稳。

为强化庭院设计主题，可在较平整的黄蜡石表面雕刻文字，随后填涂彩色氟碳漆，形成强烈的立体效果

表面雕刻文字的黄蜡石

黄蜡石应用

黄蜡石厚实的形体、单一的色彩，会带给人安全感。黄蜡石可以散置于室内外楼梯台阶旁，也可以用于户外。用于户外时可随意散置，可当作景观中心和配饰，也可围合在户外的水景岸边，或用水泥砂浆砌筑成花坛、池坛。体量较小的黄蜡石还可以放在清澈的池底，作为装饰点缀。

1.1.5 青石

青石是一种青灰色的细砂岩，我国大部分地区均有生产。青石的节理面不像黄蜡石那样规整，纹理不一定是相互垂直的，也有交叉互织的斜纹。就形体而言多呈片状，故又称为“青云片”。北京北海的濠濮间和颐和园后湖某些部分都是用这种青石为山。

青石纹理丰富，横向叠加可以形成较稳固的造型，适用于水池池边，石料缝隙处能填入土壤，满足水边植物生长的需要

青石与土壤混合叠加后能形成护坡，具有良好的固土防坍塌作用

青石

北海濠濮间青石

1.1.6 石笋

石笋即对外形修长如竹笋的一类山石的总称，属变质岩类。这类山石产地广，比如土中或山洞内，采出后直立于地上，在庭院中常作为独立小景进行布置。

在青灰色的细砂岩中沉积了一些卵石，犹如银杏结出的白果嵌在石中

白果笋

深色石笋，比煤炭的颜色稍浅，无甚光泽。如果用浅色景物作为背景，这种石笋的轮廓更显清晰

乌炭笋

外观形态较竖直的石笋，犹如短剑一般的造型

慧剑

钟乳石倒置，或将石笋正放，用以点缀庭院景色

钟乳石笋

小贴士

庭院特色石料

庭院中具有特色的石料很多，比如木化石、松皮石、石蛋等。木化石外形古朴，常用特置或对置的方法摆放。天然松皮石是一种由石英、长石等矿物组成的火山喷发物，通常出现在火山岩和流纹岩地带。因其色泽和纹路像极了松树的树皮，故而得名松皮石。石蛋即产于海边、江边或旧河床的大卵石，有砂岩及各种不同质地的，在岭南园林中运用比较广泛。以上只介绍叠山较常用的部分石材，自然界中除了平原、沙漠，到处都可以找到可做造园之用的石料。就地取材，随类赋型，最能体现地方特色，也最为可取。

木化石表面纹理犹如原木，石料多为整体，也有的在地质变化过程中分离断裂。在布置庭院时，可以将多段木化石拼接起来，形成完整造型

松皮石外观形态十分丰富，既有皱褶，又有镂空，在庭院绿化造景中适合用来进行局部点缀。可将石料插入地面土壤中，竖立成型

石蛋表面圆润有裂纹，适合表现具有热带沙漠或临海等地域风格的庭院。在庭院中需要搭配软质沙土，将石蛋嵌入地表中，形成稳固的视觉效果

木化石

松皮石

石蛋

1.1.7 碎石

碎石是指破碎的小块岩石，它的大小、形状、纹理都呈现不规则状态，可能是天然形成的，也可能是人为破坏之后产生的。在庭院山石运用中，碎石主要有以下三种形态。

洗米石

洗米石又称为水洗石，粒径小于 10 mm，是体积很小的碎石石子，一般用于庭院树池、地面铺装，色彩丰富，在庭院中多用白色或各种浅色的洗米石。洗米石可以营造出日式枯山水风格的地面铺装造景。

洗米石色彩丰富，有多种颜色可供选择，适合不同庭院环境与设计主题

将洗米石自然铺撒在经过平整处理的地面上，模拟出水面的视觉效果，是日式枯山水的典型设计

各种色彩的洗米石

洗米石铺撒

卵石

卵石多出现在河床中，是石块被水流冲刷多年后形成的。卵石表面无棱角，形状多为圆形，表面光滑，与水泥的黏结性较差。卵石在庭院中的运用非常普及，可用于地面铺装、装置造型等方面。

卵石表面光洁圆滑，具有干净整洁的视觉审美效果，可选择同一色系的卵石或选择 2 ~ 3 种不同色系的卵石混搭

柱子中央用钢管支撑，外围覆盖钢丝网，在中央钢管与外围钢丝网之间填充卵石，形成卵石柱造型

在砖石地面的边角间隙处铺撒卵石，自然散落的视觉效果为庭院边角增添审美细节

用水泥砂浆铺设卵石，形成几何形或具象图案，可丰富庭院地面的铺装造型，同时实现行走时按摩保健的功能

卵石

卵石立柱装饰

卵石地面铺撒

卵石地面铺设

3. 砾石

砾石外形与卵石相反，表面有明显棱角，质地粗糙，色彩多为米黄色、青灰色。砾石原本多与水泥砂浆配合成混凝土使用，目前在庭院中的用法与卵石相当，可用于铺装或装饰。

具有较明显的棱角，色彩多为深色，铺装后附着力较好

由于砾石表面粗糙，踩压后滑动性较弱，适合在缓坡和台阶铺撒。铺设砾石的地面缓坡和台阶，需要设计围挡和支撑

在树池、花坛中铺撒砾石，石料的坚硬与植被的蓬松形成质感上的对比。砾石铺撒层具有透水透气功能，可保证地面土层给养

砾石

砾石台阶铺撒

砾石地面铺撒

1.1.8 人造山石

人造山石又称为人工塑造山石，原本是我国岭南地区园林景观中常用的塑石、塑山材料。当地虽然主要采用英德石制作假山，但由于英德石缺少大块石料，因此改用水泥、钢筋等现代材料来制作人工山石。目前，我国庭院景观中的大型假山基本都是采用这种材料制作的。

人造山石能够塑造出完美的山石艺术形象，在质感上具有逼真效果，能表现出山石的雄伟、磅礴与感染力。人造山石取材方便，所用钢筋、水泥可就地解决，不需要采石、运石。人造山石不受石材形态、大小限制，可完全按照设计意图来塑造，同时不受地形限制，尤其是在巨大山石不能进入的地方，可塑造人造山石景观，且工期短、见效快，能混栽绿植。

人造山石在庭院中具有特别装饰效果，可最大限度接近自然形态。内部结构牢固，接头严密，石纹勾勒逼真，无外露钢筋、钢丝网

人造山石

细节纹理需要用刀铲工具细致刻画，以形成真实的纹理效果

要模拟出太湖石漏、皱的造型，可用水泥砂浆掺入碎石逐层叠加，边叠加边塑造

人造山石的细节纹理

利用人造山石塑造的漏、皱造型

1.1.9 花岗岩石板

花岗岩石板是庭院中常用的成品石板，花岗岩又称为岩浆岩或火成岩，主要成分是二氧化硅，矿物质成分由石英、长石、云母与暗色矿物质组成。花岗岩具有良好的硬度，抗压强度好，耐磨性好，耐久性高，表面平整光滑，棱角整齐，色泽持续力强且色泽稳重、大方。优质花岗岩石板质地均匀，构造紧密，一般使用年限为数十年至数百年，是一种较高档的庭院铺装材料。

花岗岩一般存于地下深层，具有一定的放射性，大面积用在庭院的空间里，会对人体健康造成不利影响。花岗岩自重大，会增加露台庭院的建筑负荷。此外，花岗岩中所含的石英在遇热时会产生较大的体积膨胀，致使石材开裂，故发生火灾时，花岗岩不耐火

花岗岩

花岗岩铺装

花岗岩石板适用于铺装较开阔的庭院地面、台阶，可加工成多种造型进行拼接，形成丰富多变的铺装效果

花岗岩按晶体颗粒大小可分为细晶、中晶、粗晶及斑状等多种类型。其中细晶花岗岩中的颗粒十分细小，目测粒径均小于 2 mm，中晶花岗岩的颗粒粒径为 2 ～ 8 mm，粗晶花岗岩的颗粒粒径大于 8 mm，斑状花岗岩中的颗粒粒径则变化丰富，大小对比较为强烈。

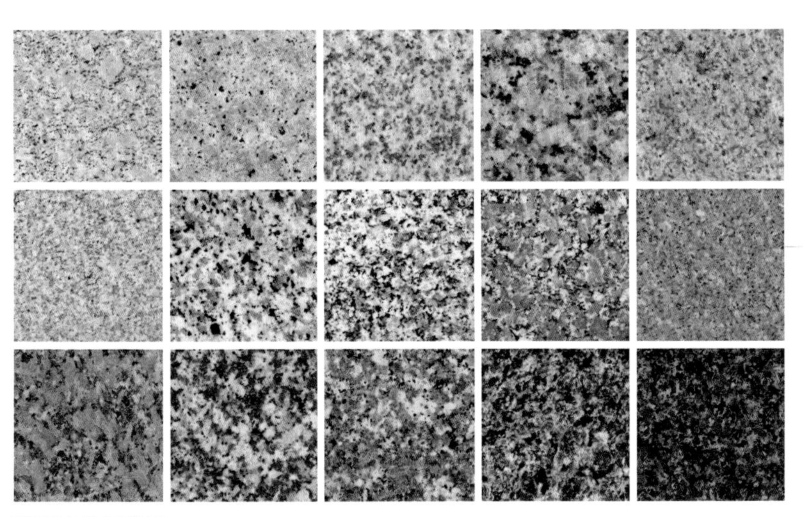

花岗岩色彩纹理

我国约 9% 的土地上有花岗岩岩体，因此花岗岩品种很丰富，从色彩上可以分为黑色、红色、绿色、白色、黄色、花色等不同系列

1. 花岗岩石板样式

在庭院中，花岗岩石板的应用范围很广，通常被加工成以下样式。

剁斧板，花岗岩石板表面经过手工剁斧加工，表面粗糙且凹凸不平，呈有规则的条状斧纹，表面质感粗犷大方，可用于防滑地面、墙面、台阶基座及踏步等

机刨板，花岗岩石板表面被机械刨得较为平整，有相互平行的刨切纹。虽然用于与剁斧板板材类似的场合，但是机刨板石材表面的凹凸没有剁斧板强烈

粗磨板，花岗岩石板表面经过粗磨，平滑无光泽，主要用于需要柔光效果的墙面、柱面、台阶、基座等。粗磨板的使用功能是防滑，常铺设在阳台、露台的楼梯台阶或坡道地面

剁斧板

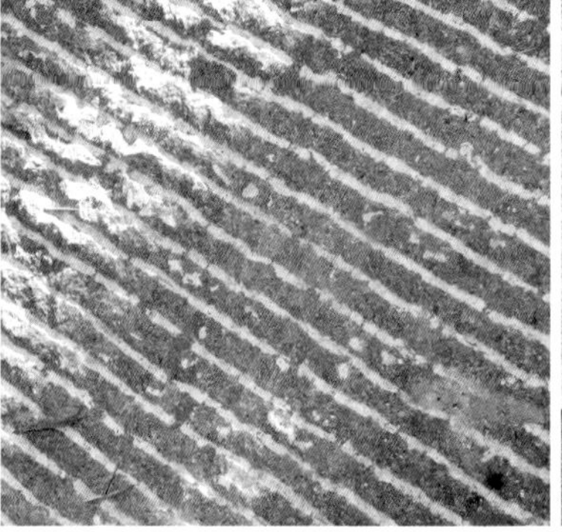

机刨板

粗磨板

火烧板，花岗岩石板表面粗糙，在高温下形成，生产火烧板时对石材加热，晶体爆裂，因而表面粗糙、多孔，板材背后必须使用渗透密封剂。火烧板的价格较高，具有良好的防滑抗污性能

磨光板，将花岗岩石板表面进行磨细加工与抛光，使其表面光亮，晶体看起来非常清晰，颜色绚丽多彩，多用于墙面、花台铺装，是使用频率较高的一种石材样式

火烧板

磨光板

规格与应用

花岗岩石板的大小和厚度可以随意加工，用于铺设庭院地面的板材厚度为 40 ~ 60 mm，用于铺设露台地面的板材厚度为 20 ~ 30 mm，用于铺设庭院家具台柜的板材厚度为 18 ~ 20 mm 等。市场上零售的花岗岩石板宽度一般为 600 ~ 650 mm，长度在 2 ~ 6 m 不等。特殊品种也有加宽加长型，可以打磨边角。如果用于大面积墙面、地面铺设，也可以订购相应规格的型材，例如 300 mm × 600 mm × 15 mm、600 mm × 600 mm × 20 mm、800 mm × 800 mm × 30 mm、800 mm × 600 mm × 30 mm、1000 mm × 1000 mm × 30 mm 等。其中，剁斧板的厚度均大于或等于 50 mm。常见的 20 mm 厚的白麻花岗岩磨光板价格为 60 ~ 100 元 / m^2，其他不同花色的品种价格均高于此，一般为 100 ~ 200 元 / m^2 不等。

识别与应用

（1）观察表面。优质花岗岩板材的表面具有均匀的颗粒结构，质感十分细腻。

（2）测量尺寸。用卷尺测量花岗岩板材的尺寸规格，通过测量能判定花岗岩的加工工艺。各方向的尺寸应当与设计、标称尺寸一致，误差应小于 1 mm，以免影响拼接安装，或造成拼接后的图案、花纹、线条变形，影响装饰效果。

（3）敲击听音。敲击声音虽然最能反映花岗岩板材的真实质量，但是花岗岩板材自重较大，敲击测试对花岗岩板材的长度、宽度、厚度均有要求，其长度与宽度应大于或等于 150 mm，厚度为 20 mm 左右。敲击时将花岗岩板材的一端放在平整的地面上，另一端抬起 60° ，用小铁锤敲击板材中间即可。

测量的关键是检查其厚度的尺寸。家居装修用的多数花岗岩板材厚度为 20 mm，少数厂家加工的板材厚度只有 15 mm，这在很大程度上降低了花岗岩板材的承载性能，在施工、使用中容易破损

优质花岗岩板材的内部构造应紧密、均匀且无显微裂隙，其敲击声清脆悦耳。相反，如果板材内部存在显微裂隙，或因风化导致颗粒间变松，则敲击声粗哑

观察剁斧板表面

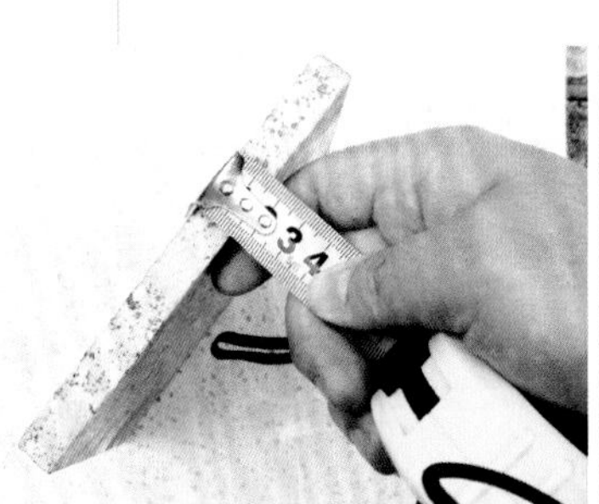

测量机刨板尺寸

敲击粗磨板的声音

粗粒或颗粒大小不均匀的花岗岩外观效果较差，整体质量较差。受地质作用的影响，花岗岩中会产生细微裂缝，在实际使用中，这些部位最容易产生破裂，应注意筛选。成品板材缺棱少角会影响美观，一般不宜选择。石板表面的纹理无彩色条纹，只有彩色斑点，且其中颗粒越细腻、越均匀越好

机刨板具有整齐的凹凸纹理，铺贴在庭院地面具有防滑效果，适合南方多雨潮湿地区

在色彩搭配上应选择与旁边板材有明显区别的板材，同时在尺寸上也要有明显区分，以形成质感、尺寸、色彩等多重因素的对比

机刨板铺贴

方块剁斧板铺贴

花坛立面剁斧板铺贴

劈凿花岗岩石板表面，将其加工成浅层剁斧板，表面纹理类似蘑菇状，可用于墙面、花坛的立面，让纹理和色彩均形成丰富的变化

1.2 选石方法

地质、气候等众多复杂条件，导致不同石头的化学成分和结构不同，肌理、色彩和形态也有很大的差异。根据不同的造景需求，选择契合自然环境的石形十分重要。选石标准包括纹理走向、质感色泽、处理手法等方面。

较方正敦厚的山石可以倾斜放置，让原本静态的山石景观变得富有动感

零散的山石可以集中堆置，以较大体量的山石为中心，周边堆砌体量较小的山石，形成具有审美效果的群体化排布

敦厚山石

高耸山石

零散山石

形态高耸的山石可以组合放置，一立一卧形成对比与互补，让山石自身具有层次感

1.2.1 纹理走向

如果要表现山峰的挺拔、险峻，应择竖向石型。斜向石型很适于表现危岩与山体的高远效果。有不规则曲线纹理的石型最适于打造水景，其形成的叠瀑可以呈现出一种动态美。横向的石型具有稳定的静态美，适于围栏、庭院叠山造型。叠山造型的表现技法很多，需要综合并交叉运用。

当小碎石数量较多时，可以向同一个方向排列布置，形成整齐统一的视觉效果

碎石组合成同一纹理走向

将具有直线纹理的山石分解后，重新叠加，形成横向纹理，堆砌成稳重端庄的形态，适合搭配水景与绿植

叠加横向纹理

当山石没有纹理走向时，可以对其进行改良，凿切出横向纹理，露出山石内部形态

凿切横向纹理

自然形成的横向纹理要加以利用，将山石摆放平整，让纹理保持在水平状态

自然横向纹理

1.2.2 质感色泽

山石的质感和颜色对人的心理和生理产生的影响是不可忽视的。自然环境的大色调与叠山造型的小色调之间，光源色、固有色、环境色要和谐布置。

传统庭院常运用粉壁置石的景观造景手法，即以粉壁为纸，以石为绘。例如，与竹林、树林及花圃组合的叠山造型为偏白灰色调，既呈现对比，又体现和谐；避暑纳凉的环境以偏冷的青绿色组合更为贴切，叠山与庭院色相应对比强烈，叠山色调偏暖，以暗、黄的基调为主，以适应人兴奋、热烈的心理。

山石质地光洁，从外表看具有平滑、柔和的艺术美感。纹理细腻，适当开裂可表现出山石原生态美感

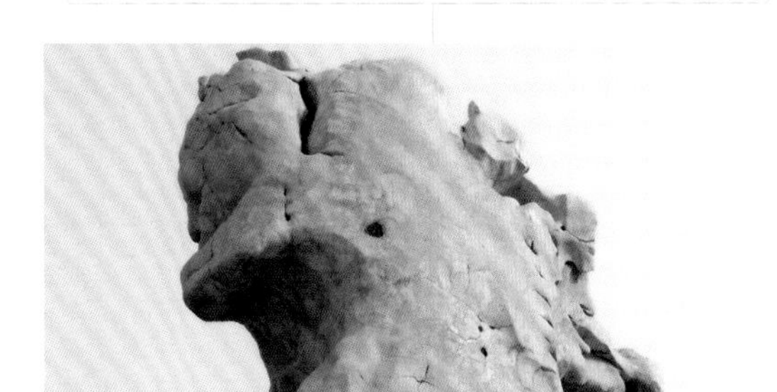

质地光洁的山石

山石丰富的色彩与周边的绿化环境形成对比，能给庭院带来历史沉淀感

色彩丰富的山石

小贴士

不同色彩山石的选用

（1）黑色山石常用于光线充足的庭院和高层露台，可以与白色洗米石搭配形成强烈的黑白对比。

（2）白色山石给人以纯洁、干净且轻松活泼的印象，明亮度最高，适于采光不太好的庭院，可以用于地面、窗台的铺设，也可以用于局部点缀装饰。

（3）米黄色山石具有张力与容纳感，属于偏暖色石材，吸光性好，表现力强，能与多种颜色搭配，突显出其他颜色，比较适合用来做背景，主要用在地面、墙面等位置，做大面积铺贴。

（4）绿色、棕色，具有一定花纹的山石适用于局部点缀，也可用于设计风格独特或面积较小的庭院空间。

1.2.3 处理手法

在特殊环境的庭院中还可以选择其他石料，例如，面积较大、气氛较庄重的别墅庭院或重要场所的特置散石、点睛小品，可用名贵的赏石，以补充空间、活跃环境气氛。虽然置石的形色、质地可以与建筑实体、家具设施形成对比，以增强内部空间的自然美感，但是配置散石的方法要符合形式美原则，散石之间及其与周围环境之间要呈现整体感。这些石料虽然有豪华高贵的质感，在某种意义上讲，装饰效果尚佳，但造价昂贵，缺乏自然的质朴感，同时选形制作的难度较大，一旦表现手段不当，就会显得很拙劣。

选石时应加以分类，根据石料情况做出相应的处理方案。选择形态自然、脉络纹理清晰、符合表现主题的石料作为叠石造型的主休材料，并将最精华的部分作为主峰。将难以修整的石料根据不同使用角度进行筛选，并将较好的主视面朝外作为围基使用，最后将淘汰的形态不佳的废石作填充

将形态单一的山石造型向下放置，置入土层中，留在地面以上的部分体现审美特征

组合砌筑

置入土层

搭配绿化

无论使用什么样的山石品种，只要认真研究组合规律，都会设计出比较好的艺术造型。废石也不可一概而论，关键在于用之合理、用得恰到好处。山石在长期的物理、化学、生物等因素作用下，形成了特有的纹理色彩和属性韵味，也为庭院的造型设计提供了不同的灵感

1.3.1 开采

山石的开采和运输根据山石种类和施工条件的不同而不同。对于成块半埋在山土中的山石，宜采取掘取法，这样既可以保持山石的完整性，又不会太费工力。对于整体的湖石，特别是形态奇特的，多采用凿取方法开采，把它从所处环境中分离出来，开凿时力求缩小分离的剖面以减少人工凿取的痕迹。

用锄头将山石底部基础凿松

在采石区勘测石料状况，用水平仪在山石上放线定位，寻找适合的优质石料

（a）勘测定位

（b）凿松土层

在山石周边的根基部位开挖，让山石根基失去支撑基础

用水平仪确定山石的根基部位

用锄头开凿山石根部，让山石根部断裂

（c）挖土

（d）确定根基

（e）开凿根部

围绕山石周边用钢管制作框架，框架尽量与山石保持贴合，再用绳索将山石与框架捆绑牢固

（f）捆绑

用吊车将山石起重吊装至运输车辆上

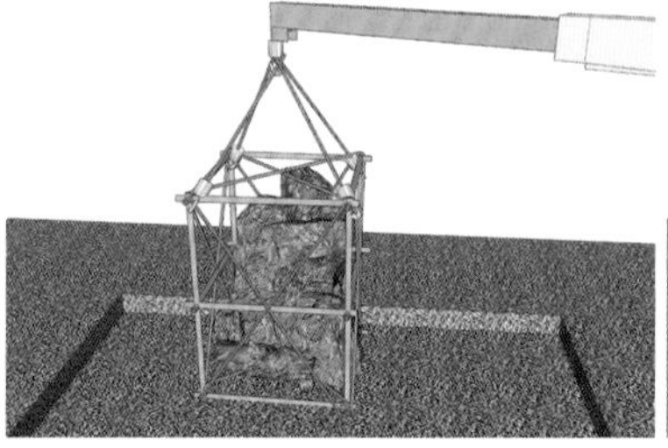

（g）起重吊装

运输至庭院设计区域或施工现场后，吊装摆放至地面

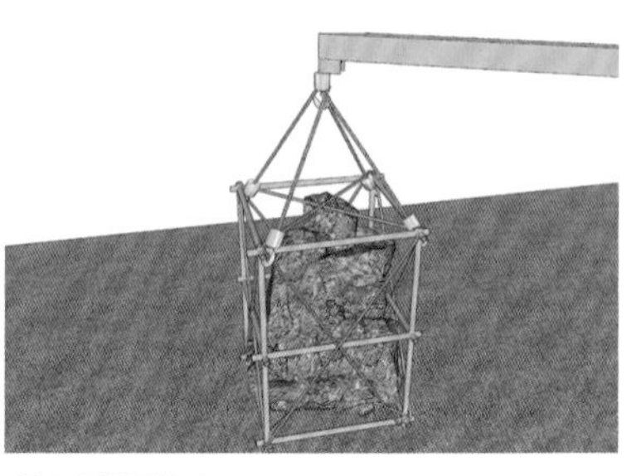

（h）摆放至地面

根据造型需要，用多种手动工具对山石进行修凿

（i）修凿边角

将山石放倒后，继续修凿底部基础，使其尽量平整

（j）修凿底座

将山石恢复到直立状态摆放平整

（k）摆放平整

山石开凿开采

对于黄蜡石、青石一类有棱角的山石材料，爆破的方法不仅可以提高工作效率，还能得到合乎需求的石形。一般凿眼的上孔直径为 50 mm，孔深 250 mm。如果下孔直径放大一些，使爆破孔呈瓶形，则爆破效力要增大 0.5 ~ 1 倍，可炸成每块 500 ~ 1000 kg 的石块，炸药量少放些，石块可更大一些。石块炸得太小会破坏山石的观赏价值，也会给施工带来很多困难。

对待开采的山石进行全面勘测，关注周边环境，评估开采施工的安全性

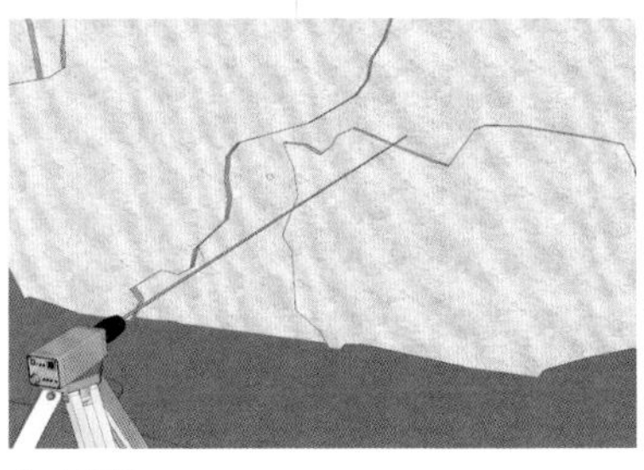

（a）勘测

用激光水平仪对山石表面放线定位，确定开采区域

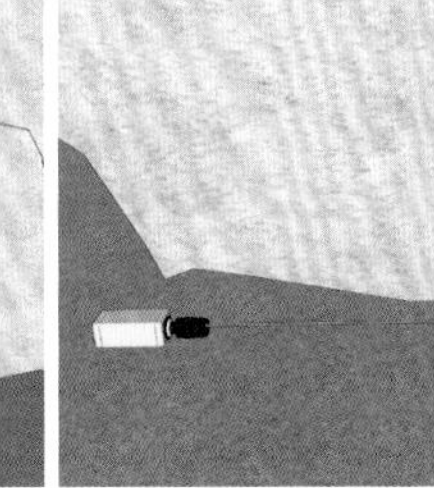

（b）放线定位

在山石开采处的外部设置安全区，安全区围栏距离山石大于 30 m

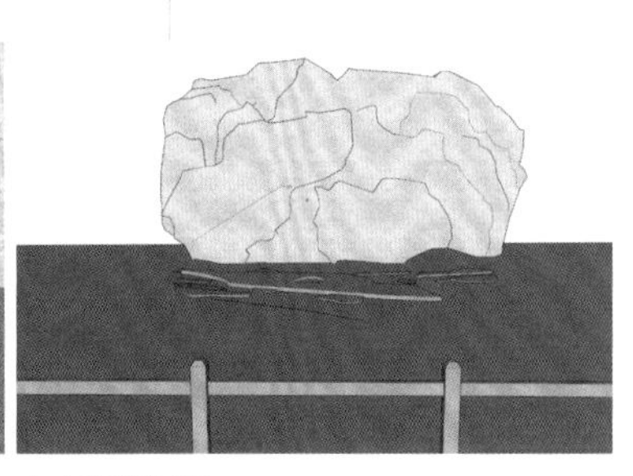

（c）设置安全区

根据放线定位，用电锤在山石上钻孔，钻孔直径为 50 mm，深度为 250 mm，孔距为 500 ~ 1000 mm

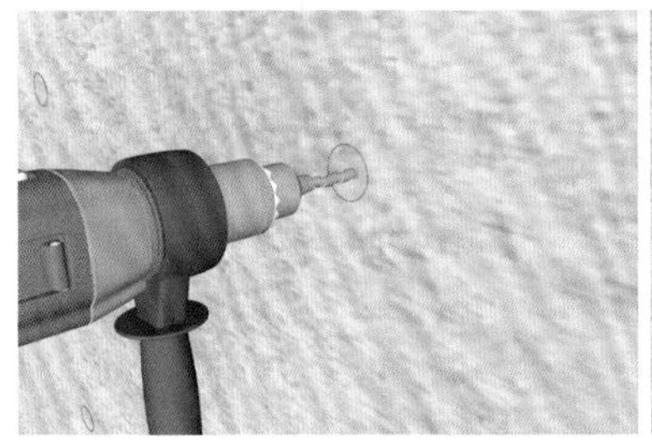

（d）钻爆破孔

在孔中放置管状炸药，炸药用量与山石体积相关，每立方米山石炸药用量为 1.3 ~ 1.5 kg

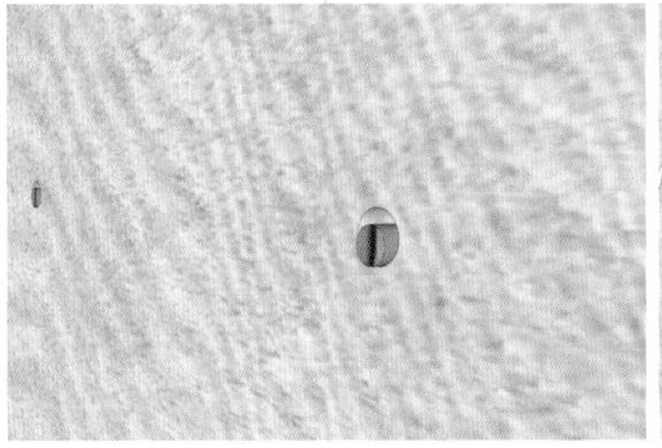

（e）埋放炸药

在单个炸药上连接导线，并将所有炸药的导线集中连接至引爆接收器上

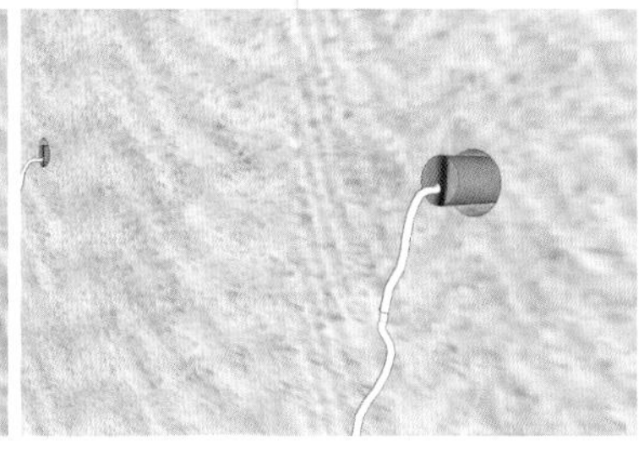

（f）连接导线

通过无线 Wi-Fi 或蓝牙，将引爆接收器与无线引爆器配对

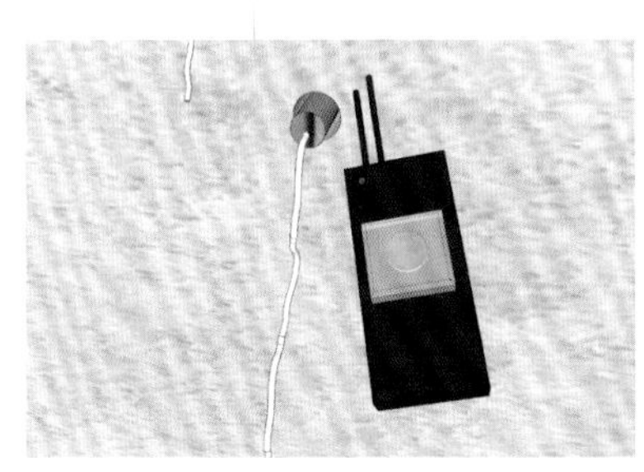

（g）设置无线引爆器

在安全距离外做好必要的安全维护工作，操纵无线引爆器引爆

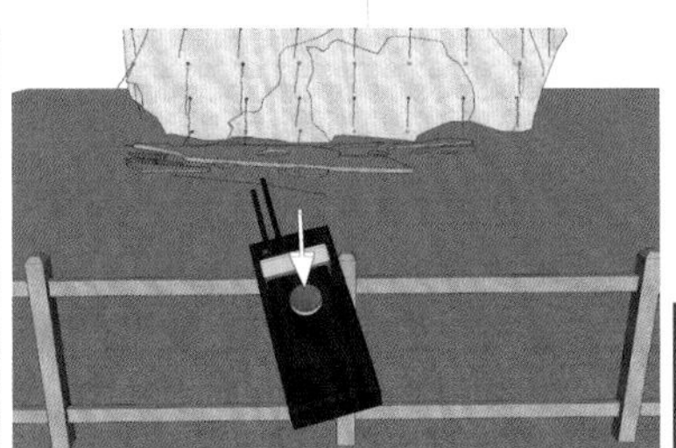

（h）引爆

爆破能将形体较大的山石分解为形体较小的山石

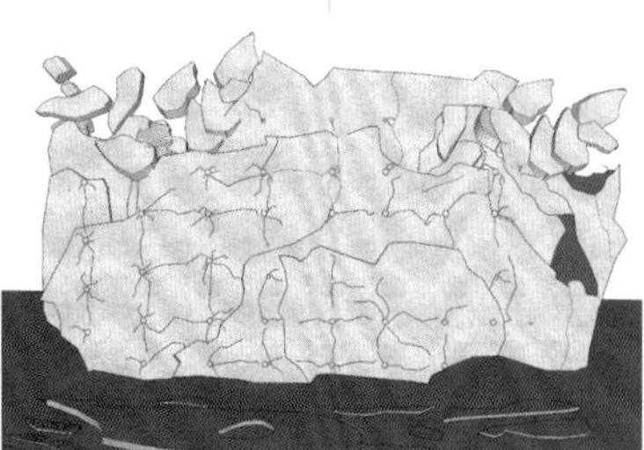

（i）爆破效果

（j）山石脱离

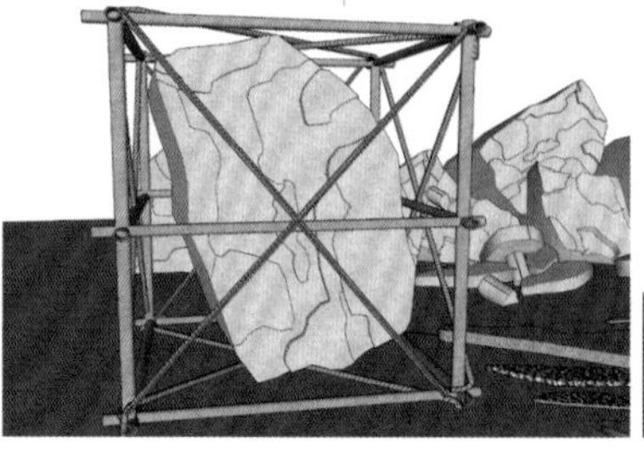

（k）捆绑

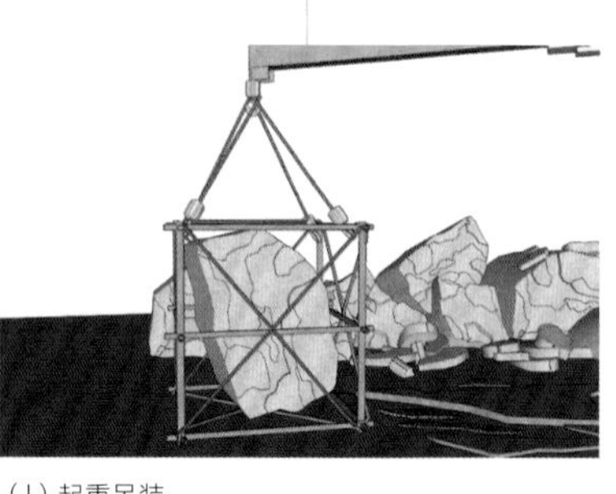

（l）起重吊装

（m）切割

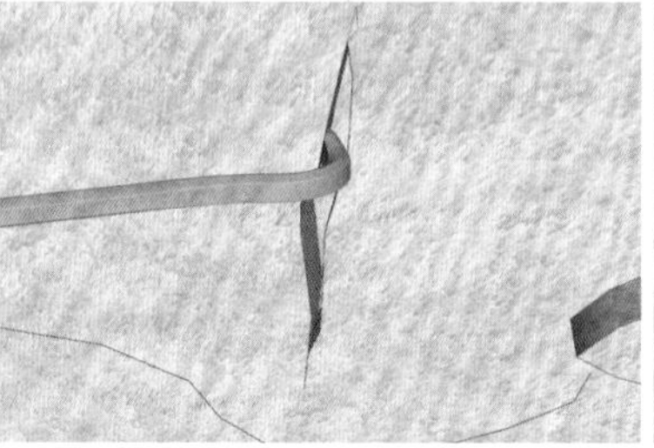

（n）撬开裂缝

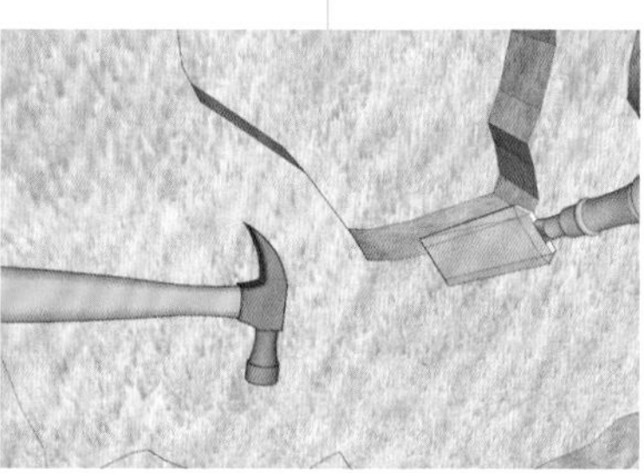

（o）修饰成型

山石爆破开采

1.3.2 选购

庭院山石的选购要同时考虑庭院空间的面积大小、环境风格、使用功能等多种因素。庭院山石在色泽、质地、形状等方面都各有其特点，选购时要根据具体需求而定。

1. 外观

观察庭院山石的整体外观，尤其是山石的纹理和外形。庭院山石自然天成，不需要人工雕琢，表面要光洁、平整，不能有凹凸、裂痕或孔洞等缺陷。山石的外观也是评价其质量的重要标准。如果庭院山石表面粗糙，则说明其质地疏松。在选择庭院山石时，还要注意其形状是否与庭院环境相协调。

2. 质地

庭院山石的质地要紧密坚实，这样在景观塑造中才能有更好的效果，满足庭院的审美需求。可以用手去感受石头的质地与质感，判断其能否使用。

3. 颜色

庭院山石的颜色虽然比较丰富，但是主体色彩还是以灰色和白色为主。灰色是庭院山石中比较常见的颜色，它沉稳、内敛，给人以冷静、深沉的感觉。白色也是庭院山石中常用的颜色，它给人一种清新、纯洁、淡雅的感觉。红色和蓝色则比较少见，这类色彩的庭院山石应用较少。

4. 纹理

庭院山石纹理是体现其审美价值的主要因素之一，能直接影响山石的观赏价值和庭院的整体效果。 庭院山石的纹理多种多样，不同种类的山石具有不同的纹理特征。例如，黄蜡石具有黄褐色、白色、灰色等多种颜色，也有各种花纹和图案；太湖石具有不规则的条纹、凹凸、圆点、暗纹等多种纹理；灵璧石具有或细腻或粗涩等多种质地的纹理。

庭院山石选购需要考虑庭院的环境风格。如果庭院是欧式风格，那么就可以选择一些形态规整的山石；如果庭院是中式风格，那么就可以选择具有瘦、漏、皱、透等形态特点的山石。此外，还要考虑庭院面积，如果是在小院子里摆放大石头，那么就会显得比较突兀，不能因石料而破坏整体环境。

形体较大的太湖石孔洞也相对较大，要分析大小不一的孔洞，确定摆放的方式。让较大的孔洞位于高处，面向道路，具有吸引目光的功能

让较小的孔洞位于下部，与花草相呼应，形成丰富的组合造型

（a）山石整体

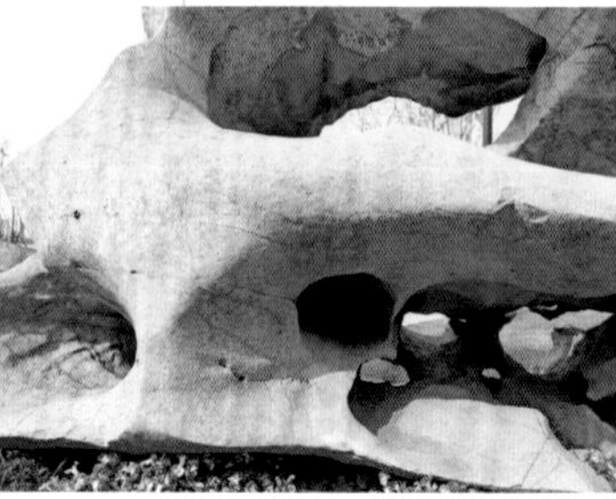

（b）孔洞

（c）山石底部

单体山石

在山石底部开凿出排水沟，避免因山石遮挡庭院道路而影响排水流向

（a）组合山石整体

将形体较小的山石重新组合起来，形成组合山石。重新构建山石体量，形成具有一定规模的庭院山石景观。组合后的山石能搭配水景、绿植，丰富庭院的视觉效果

组合山石顶部要有山石压顶，让山石组合的造型稳固、结实

将具有明显棱角的山石造型面向外部，体现观赏价值

山石体块之间用水泥砂浆黏结，山石形体较大时，还需在其中穿插钢筋或钢管

（b）组合山石顶部

（c）山石细节

（d）山石体块间的连接部位

组合山石

1.3.3 运输

山石开采后，在销售环节中，必须经过运输才能到达庭院施工现场。对于形态单一的山石，可用铲车等机械设备搬运至卡车上运输，装卸工作简单。

名贵山石则需要精心打包后再运输，以免在运输途中发生磨损。打包时，多选用化纤毛毡包裹，并制作木龙骨框架。名贵山石运输前后还需要起重吊装，过程复杂，成本较高，甚至需要购买商业运输险来规避风险。下面介绍一种打包山石的运输方法，供参考。

对名贵山石的尺寸进行精确测量，包括外轮廓的长、宽、高和底部周长等

根据测量尺寸裁切木料，底板采用厚 50 ~ 100 mm 杂木板，可裁切为板条

将裁切完成的木料在纵、横方向各铺装两层，下层为龙骨支架层，间隔 200 ~ 300 mm 铺装一条，上层为满铺层

（a）测量山石尺寸

（b）裁切木料

（c）摆放垫底木料

用吊车将山石吊放至木料板材上

(d) 吊装山石至木料上

用边长 100 ~ 150 mm 的杂木木方制作横向框架

(e) 绑扎横向木料

继续用边长 100 ~ 150 mm 的杂木木方制作纵向框架，与横向框架用钉接、绑扎等多种方式固定

(f) 绑扎竖向木料

绑扎完成后，形成完整的木料框架，将山石围合包裹

(g) 形成木料框架

在木料底板下穿绑扎带

(h) 底部穿绑扎带

将绑扎带有序缠绕在整个木质框架上固定牢靠

(i) 用绑扎带缠绕捆绑固定

将绑扎带上部集中固定，形成吊装造型

(j) 固定绑扎带

用吊车将打包好的山石吊装至运输车辆上，放置在车辆后轮轮轴的上方区域

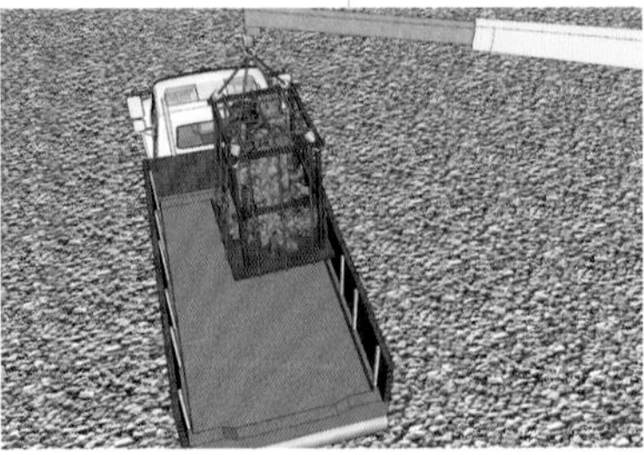

(k) 吊装至卡车

用绳索将山石框架固定至车辆基础货架上，使其保持垂直且平稳状态，将其运输至施工现场

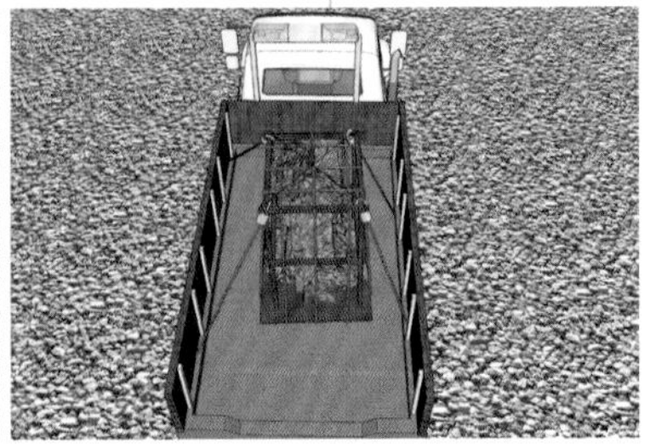

(l) 运输

名贵山石打包运输

2 山石构筑物

庭院山石

▲ 集中摆放山石是庭院中最简单的山石布局形式，将形体较大的山石置入地面土层中，露出的山石形体约占 50%，表现出山石的原生面貌，贴近真实的自然景观效果。

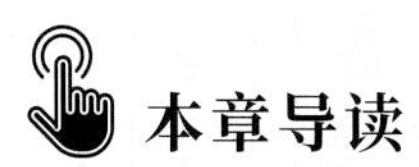

本章导读

山石构筑物组合后形成具有一定体量的庭院景观，成为庭院的视觉亮点。传统山石构筑物是土与石的结合，土用于填充石料的缝隙，并支撑石料的形体。现代山石构筑物材料多样，可加入水泥砂浆、混凝土、钢筋等多种建筑材料，丰富了山石构筑物的品种，也形成了全新的设计施工理念。

2.1 山石构筑物类型

山石构筑物多采用土与石相结合的方式构筑，在传统庭院建造中，土石结合是构建山石构筑物常用的方式。土石结合主要有土包山、石包山、全石山、山石小品等类型，下面将依次对这些类型进行讲解。

2.1.1 土石结合

我国传统庭院中的假山主要由土石构成，土与石的结合是否得当，会影响造山的风格。从假山构造方面来看，只用土造山不能太高，否则所占面积过大，会造成假山形体臃肿，很难塑造雄奇、秀耸和其他复杂的形象。因此，土石合用是技术上的必然要求，尤其是叠造洞谷崖壑，或在小面积内建造较高的假山，用石的数量比一般假山更多。但是用石量多就会导致采石、运石、叠石的费用和时间随之增加，所以土石的比例必须适当。

山石与土结合后具有良好的附着力，让假山的造型更加稳固，石料之间的缝隙还可种植植物。若搭配水景，则要注意水流不要接触主体土层，要从山石构造之间流出，可用水泥砂浆砌筑水流渠道

土石结合假山

土石结合的庭院坡地

若庭院位于坡地上，则可局部整平，形成台阶状，每一处平台之间用石料制作台阶，同时形成护坡，保证坡地的完整。石料之间的土壤可植栽植物，若不需要过多绿植，则可铺撒碎石填补土壤表面

将土壤与石料相结合。土壤多使用黏土，它具有较强的黏合力，能与石料紧密吸附，最终与石紧密结合。石料底部插入地面的土壤中，土壤形成紧密的围合包裹，保证山石稳定，最终形成一定高度的山石构筑物。土石结合的山石构筑物形体一般较小，两种材料在视觉上各占一半，适合小面积庭院。

土多石少的假山

土多石少的假山多因地制宜，利用当地土层，开挖后堆砌假山。数量不多的山石与土壤混合，起到支撑的目的，这种假山适合搭配绿化植栽

在假山中设计水流渠道

山石水流渠道

山石沟壑是在土石结合的假山中制造的险境，可提升人在行走时的动感

山石沟壑

如果土壤黏度比较低，那么可用山石砌筑护坡，以防止土壤流失导致滑坡失形

山石护坡

多样灵活的山石布置

现代庭院中，山石的布置已渐渐从传统的形式中解放出来，布置形式更加丰富灵活。一条条园路，不必做成水泥的或卵石的等固定形式，可以直接将卵石轻铺在路基上。溪流池潭，不必是真正的流水，可代之以各色的卵石、砂石，其蜿蜒流淌的样式别有美感，且不用担心会干涸与污臭。至于花坛，也可以变换平时的古板样貌，自然的山石砌边会让花坛更加生动与活泼。

2.1.2 土包山

土包山是土在外、石在内的堆山手法，常将挖池产生的土掇山，并以石材作为点缀，达到土、石、植物浑然一体，且富有生机的庭院装饰效果。

庭院中开挖水池后会产生大量土壤，可以石料为主体砌筑成型，在石料的外围填补土壤，主要填充石料之间的缝隙。同时在形态不佳的石料外表涂抹土壤，重新塑造山石的形态，最终形成起伏自然的山石景观

土包山

2.1.3 石包山

石包山是以石材为主，外石内土的小型假山。常构成庭院的主景，较多塑造成峭壁、洞穴、沟壑等险境。

庭院中存在较为明显的山坡，为了提升山坡的互动性，可在山坡表面铺装石料，或用混凝土塑造人工山石。用山石构筑成台阶、沟壑等造型，不仅能让人在其中行走穿越，还稳固了山坡的地势造型

石包山

2.1.4 全石山

全石山即全都是用石头堆叠而成的假山，因为用石很多，所以体量一般较小。小山用石，可以充分发挥叠石的技巧，使山体变化多端、耐人寻味。由于在小面积范围内，聚土为山很难形成山势，因此在庭院中缀景，大多用石，或当庭而立，或依墙而筑，或兼作登楼的蹬道等。

选用大小不一的山石堆砌成山，用较大体量的山石作为主景，竖立放置，周边环绕形体较小的山石，构成簇拥的放置形式，点明主题，形成主次分明的视觉效果

全部选用大小均衡的石料砌筑，塑造洞穴造型，让全石山具有可穿越的特点，形成体现互动效果的庭院景点

全石堆砌 1

全石洞穴

全石堆砌造型注重悬挑结构，落地的石料基础面积较小，向上延伸后整体造型逐渐向周边扩展，最后向上收缩形成尖顶，张弛有度、收放自如，形成外形多变的效果

全石堆砌 2

2.1.5 山石小品

山石小品是庭院中用山石制作的有独立审美的构筑物，根据位置、功能不同常分为以下三种。

1. 厅山

在庭院或住宅入口的大厅前，使用小巧玲珑的石块堆山，以单面观赏为主，与背景粉墙相衬，以花木掩映。

厅山要塑造出明确的空间感，就需要在庭院中竖立一面墙来点题，指明庭院空间的核心区域，在这面墙的前方摆放山石，形成庭院主景

选用有峰角的山石，将山石固定在土壤中，向上外露出主峰。山石之间均匀排列，形成面积较大的场景，搭配绿植，将土、石、植、墙四种元素组合在一起

全景

局部

枯山

以日式枯山水为主体，山石放置在庭院中央的空白区域，地面铺撒洗米石，并用耙子整形成水面波浪造型。山石犹如水面上的岛屿，模拟自然山水的微缩场景。

选用竖长的山石，将山石长度的20%左右埋入土壤中，形成稳固的竖立造型，山石顶部有向上趋势，且以具有锋芒造型为佳

从远景上看，山石具有集中性与聚散性，既有竖立，又有平卧，形成横竖结合的布局。通过地面上铺设的洗米石，模拟水面波浪形态，衬托山石的高耸感与独立感

近景

远景

池石

池石，即在水池中堆山，属于庭院中的最佳景观。

选用形态各异的山石，用水泥砂浆砌筑成型，布置在水池中，并安装给水管与潜水泵，形成循环流水，给庭院增添动感

全景

局部

尽量减少山石底部裸露的水泥砂浆，水从高处流下的过程应当平缓，且有较多层级，水流流下时要形成柱体与扇面的形态

在面积较大的庭院中开挖面积较大的水池，水池中堆叠山石，并设计汀步，让人能步入山石区，形成良好的互动效果。池石是最佳的庭院景观之一，尤其是庭院面积较大，且无从填充空白时，可选用池石造景的方法

庭院水池与山石

2.2 山石构筑物设计原则

我国历代的山石匠师多由画家转变而来，因此，我国传统的山水画理论也就成了指导庭院山石构筑物设计建造的理论基础。为了使假山给人以真实的自然感受，应遵循因地制宜、主次相辅、兼顾远近审美、情景交融的设计原则。

2.2.1 因地制宜

自然山水景物十分丰富，在庭院中的什么位置建造山石，建造什么样的山石，采用哪些山水地貌组合，都必须因地制宜地模仿大自然的状态，将主观要求和客观条件以及所有庭院的组成因素作统筹安排。在山石构筑过程中，对山石的筛选分为可选择性和非选择性两种。

1. 可选择性山石

可选择性山石大多为成品景观山石，是由石材厂商根据现代主流庭院与景观设计需求，预先加工制作的山石。这类山石产品表面造型丰富，有基座、有峦峰、有镂空，可单独摆放或组合摆放。在庭院山石塑造中，可轻松选到造型、体量合适的山石，只是价格相对较高，在庭院设计中多为局部采用。

铸造山石是现代庭院中成本低廉的山石产品，用黏土塑造成型，经过精细雕塑后，在表面覆盖玻璃钢模具。待模具成型后拆除模具，重新在模具中注入水泥砂浆，并穿插钢筋支撑，形成最初的雕塑形态。山石模具能多次使用，可批量生成，成本低廉，是可选择性山石的首选

成品山石是采石场对开采的石料进行组合后，整体销售安装的山石产品。其经过运输后能快速安装，虽然可根据庭院面积与环境进行增减，选择余地大，但是价格较高

铸造山石

成品山石

2. 非选择性山石

非选择性山石造型设计难度相对较高，它受客观条件的制约，主要是指在对原有环境中基础设施的综合利用及重新组合等过程中要变废为利，因势利导，这样既可以减少石料的消耗，又可以减少由于清除废旧物带来的麻烦，还可以节约一笔可观的工程费用，另外在造型形式上也可能会有新的突破。

我国大多数庭院是利用挖湖清淤出的土石在原有地貌上随地形造山，这种非选择性山石构造需要灵活的构思和严谨的设计，只有这样的设计才能创作出既经济又美观，集科学性、技术性、艺术性于一体的作品。例如，叠山造型可做成悬空式，这样更具有空灵感。对松散渣土可做包围式设计，以石围栏，留出种植穴，配置树木植物，增加自然感。挖湖清淤出的土壤，肥沃而且土质好，宜用于叠山造型与绿化，可形成良好的山林风景群组。或者以土代石，既减少人工，又节省物力，且与自然山石有异曲同工之妙。

开挖河道与池塘时，挖掘出大量山石，可对这些石料进行筛选、修饰，为水池驳岸、道路桥梁的制作提供原料。非选择性山石虽然色泽单一，但是就地取材，成本低廉，数量有保证，能发挥的造型空间较大，可任意设计并构筑多种造型

在桥头竖立形体较大的山石，可增强标志性，提示桥梁的存在

（a）全景

（b）桥头山石

桥面铺设青石板，这些青石板是对形体较大的山石进行切割后加工而成的，虽然平整度略差，但是具有防滑性能

桥面护栏选用形体较小的山石，采用水泥砂浆砌筑，表现出围合界定的视觉效果

水池岸边采用大小不一的山石进行砌筑围合，形成挡土墙，保护岸边土壤不塌陷

（c）桥面铺装

（d）桥面护栏

（e）岸边护坡

山石桥梁

2.2.2 主次相辅

确定假山的布局地位以后，假山本身还有主从关系的处理问题。山石布局应先从庭院的功能和意境出发，并结合用地特征来确定宾主之位。必须根据山石在总体布局中的地位和作用来安排，最忌不顾大局和喧宾夺主。

先定主峰的位置和体量，再辅以次峰和配峰，最后塑造细节，直至具体到每块山石为止。山石设计追求“三远”，即高远、平远、深远。处理“三远”变化时，高远、平远比较容易，而深远做起来较难，要求在游览路线上能给人带来山体层层叠叠的观感，这就需要统一考虑山体的组合和游览路线。

形体较大的山石作为主体，形态高耸，下部造型收缩，形成较为险峻的竖立姿态。其他低矮山石附在周边，形成呼应

山石主次关系

由于假山不同于真山，多在中、近距离观赏，所以主要靠控制视距实现观赏效果。例如在假山处理中“以近求高”，观赏距离一般为假山石高度的 3 倍。而实际山石的高度并不很大，让人产生一种身临其境，如置身深山幽谷之中的感觉，即达到山石设计的极高境界

山石观赏距离

2.2.3 兼顾远近审美

“远观势，近观质”是山石构筑物建造的基本原理，既强调布局和结构的合理性，又重视细部的处理。“势”指山石的形势，即山水轮廓、组合与其体现的动势和性格特征。“质”指山石的细节，合理的布局和结构必须落实到细部处理上。

山体可分为山麓、山腰和山头三部分。从山麓到山顶，绝不是直线式上升，而是波浪式地由低到高，由高到低，这是山体本身的小起伏。山与山之间，也有宾主之分。起脚必须弯环曲折，有山回路转之势，以便处处设景，又须与山体的起伏层次相结合，这样才能产生不同的丘壑，这是山势的一般规律

（a）全貌

水线处的山石向内收缩，形成幽深的视觉效果

山石顶部采用横向的造型压顶，形成险峻的造型

（b）水线山石内收

（c）压顶石外突

水流形成扇面水帘，山石的出水口应塑造得平整光滑

（d）扇面水流

为承接落水，设计多级台阶，水下落后形成水花效果

（e）跌水瀑布

山石远近审美

黄蜡石形体单一且独立，组合后形成跨度较大的山石场景，上层山石摞在下层山石上，若要追求稳固的造型，则将下层山石铺装平稳

黄蜡石组合远景

黄蜡石外表光滑，纹理细腻丰富，具有细小裂纹与凹槽，在审美上呈现一气呵成的天然效果

黄蜡石近景

2.2.4 情景交融

山石构筑物很重视内涵与外表的统一，常运用象形、比拟和联想的手法造景。虽然庭院山石构造在外观上力求自然，但是就其内在的意境而言又完全受人的意识支配。这包括长期使用的“一池三山”和“仙山琼阁”等设计手法，或为寓神仙意境的手法，或为寓意隐逸或典故性追索的手法，或为寓名山大川和名园的手法，或为寓自然山水性情的手法，或为寓四时景色变幻的手法。这些寓意又可结合石刻题咏，使庭院具有综合性的艺术价值。

白色洗米石铺设在平整的界面上，绿化植被区犹如岛屿，散落的石头犹如岛屿上的山峰。这些景致全力打造出枯山水的真实场景，让山石铺设形成情景，注入人文哲学理念

（a）全貌

洗米石与植被区之间，用薄瓦片置入土层中并形成分界，保证植被区的边缘清晰明确

在洗米石地面区域铺装花岗岩，形成步行区，引导行人进入枯山水区域中，体现较好的互动性

（b）山石局部

（c）步石铺装

洗米石近景

天然山石的自然亲和力

作为大自然的产物和组成部分，天然山石毫无修饰的形态体现着自然意境，是那些刻意模仿的水泥或人造制品难以比拟的。人们站在有天然山石驳岸的溪水池沼边，坐在林下随意散置的顽石上，行走在卵石铺就的小路上，悠闲放松、怡然自得，这是天然山石给人的一种自然的亲和力。而山石与水和花木的相融相契，更是与生俱来的。

2.3 山石构筑物设计方法

假山最根本的设计法则就是“有真为假，做假成真”。“有真为假”说明了山石构筑物的必要性，“做假成真”提出了对山石塑造的要求。天然的名山大川虽然是美好风景的所在，但是不可能全部搬到庭院中，更不能一一效仿，只能通过精心的设计来解决。要“做假成真”就必须融合设计者的主观意识，通过设计者的思维活动，对素材进行去粗取精的艺术加工，并加以典型的概括和夸张，使之更为精炼和集中。下面将山石构筑物的设计方法归纳为四种。

2.3.1 构思法

成功的叠山造景与科学的构思是分不开的，以形象思维、抽象思维指导实践，只有造景主题突出，才会使环境与山石造型和谐统一，形成格调高雅的艺术品。这样的方法虽然构思难度大，但施工效果好。

在设计之前要查阅大量资料，借鉴前人的成功设计及画稿蓝本，并以此为指导。在构思造型前，应对环境的诸多因素加以统筹考虑，如地形地貌、四季气候、古树植被、建筑环境等，并绘制出能反映实际效果、形体、色彩、光照、质感的设计草图，以此作为施工参照，这样成功的概率会很大。

复古庭院风格构思

复古风格庭院设计思路源自古典园林的经典案例，设计前需查阅大量素材资料，可将多种设计元素组合起来，形成混搭设计效果，在审美上能获得广泛的认同

2.3.2 移植法

这是叠山造景常用的一种方法，即将前人成功的叠山造型，取其优秀部分为我所用。这种方法较为省力，也能收到较好的效果。但是采用此方法应与创作相结合，否则会失去造景特点，犯造型雷同之病。

移植景观

将自然山石从假山上拆除，移植到现代风格的水池中。自然山石组合与现代风格建筑形成强烈对比，可加深人的观赏印象

2.3.3 资料拼接法

资料拼接法是先对山石选角度拍摄照片、标号，然后拼接组成若干个小样，优选组合定稿。这种方法成功率高，设计费用低，设计周期短，值得提倡。这种方法很像智力游戏“七巧板”，随意拼接可组合出很多不同的叠山造型，利于选石和节省施工时间，但在施工过程中会产生效果与构思相悖的情况。其原因是图片资料是二维平面的，而山体造型是三维立体的，这就要求在运用此种设计方法时，需留下想象的空间，在施工过程中通过调整最终完成。

将散落的山石分组拼接，形成独立的组合体，分别布置在庭院的主道路两侧，每组山石的构成与形态均不相同。这种拼接设计能大幅度降低山石构筑物的施工成本，虽然有些组山石原料呈现的效果并不完美，但是分组拼接后，让人有可选择的余地，多组山石组合拼接，必定有值得观赏的地方

山石分组拼接设计

将零散的山石围合成型，塑造一处庭院中心。山石既能围合活动区域，又能围合植栽区域，这样的围合是良好的拼接手法。虽然零散的山石原料呈现出的效果并不好，但是组合后能形成不错的秩序美

山石围合拼接设计

2.3.4 立体造型法

立体造型法，也称为模型法，是一种在山石设计和施工过程中非常重要的技术手段。它可以在特殊的环境中与建筑物组合，或者在有特殊要求时进行设计。在庭院设计和施工过程中，立体造型法的使用可以帮助设计师更好地理解山石的形状和结构。设计师可以将山石概念模型化、立体化，从而更好地理解建筑物各个部分之间的关系，从而更容易进行修改和优化。

用混凝土在建筑外围做造型，塑造出自然山石的特征。这种模型塑造方法高度还原山石质感，并且不需要采集、运输大体量的山石原料

局部质感真实，纹理及凹凸形体自然，在沟壑、缝隙等细节的塑造上精致完美，外部着色后被自然风化、腐蚀，形成自然过渡的渐变效果

（a）全貌

（b）局部

人工塑山

✔小贴士

山石小品建造效果

利用山石可对庭院空间进行分割和划分，将空间分成大小不同、形状各异、富有变化的小区域。通过山石的穿插、分割、夹拥、围合、汇聚，在假山区可以创造出道路的流动空间、山坳的闭合空间、峡谷的纵深空间、山洞的拱穹空间等各具特色的空间形式。山石还能将人的视线或视点引到高处或低处，创造出或仰视或俯视的空间景象。

3 假山

庭院假山

▲ 假山在庭院中能形成较大的地势落差，让庭院空间显得更有层次感。同时，山石叠加后形成高耸的屏障，可以遮挡视线，有助于丰富庭院区域的空间感。

本章导读

假山是具有中国园林特色与风格的人造景观。由于庭院一般面积有限，所以叠石造山的样式比较精简。庭院内大多布置少数石峰，或累石为山，或依墙构建石壁，或沿小池点缀少数湖石。庭院面积虽比室内空间大，但布局较为简单，往往以水池为中心，以山石衬托水池、建筑构件和绿化，或利用山坡、土方，或以人工叠造假山作为庭院主景。庭院中丰富的假山大都有山有池，与建筑、绿化组合成多个区域，有些于临水一面构筑危崖峭壁，有些则叠成高低起伏的池岸，其下再构建石矶、钓台，使山水的结合更为紧密。外形高大的假山，为了让其发挥更多丰富视野的功能，往往在山上建造亭阁，以俯览园内或眺望园外的景物。假山既可划分园景，为降温、隔尘等提供有利条件，又可增加园内宁静的气氛，营造出山林野趣的空间意象。

3.1 假山设计基础

假山是指人工堆起来的山，由真山演绎而来。庭院中的假山以造景游览为主要目的，并充分结合其他多方面的功能和作用。假山以土、石等为材料，以自然山水为蓝本，并且加以艺术的提炼和夸张，它是人工再造山石的通称。

早在西汉初期，就有了我国自然风景式园林叠石造山的相关记载，据《后汉书》记载，梁冀“广开园囿，采土筑山，十里九坂，以象二崤，深林绝涧，有若自然”。汉魏时期园林已不是单纯地模仿自然，而是在一定面积内，根据需要来创造各种自然山景，曹魏的芳林园就有“九谷八溪”之胜。

两晋南北朝时，士大夫阶层崇尚玄学，以逃避现实，爱好奇石，以寄情于山水田园之间为“高雅”，因而当时园林推崇自然野趣。这是在汉魏园林的基础上，对自然山水进行了更多的概括和提炼，然后逐步发展起来的。

唐、宋两代的园林，由于社会经济和文化的发展，不但数量繁多，而且从理论到实践都累积了丰富的经验，同时受到绘画的影响，叠石造山逐步与中国山水画相结合，这也成为长期以来表现我国园林风格的重要手法之一。这时期的假山，其组合形象富于变化，有较高的创造性，是世界上其他国家园林所罕见的。这是古代工匠们不断体会山崖洞谷的形象和各种岩石的组合以及土石结合的特征，融会贯通，不断实践才创造出来的杰作。

中式传统风格的庭院设计注重人文思想与哲学思想，同时融入自然景观中的各个要素。为了模拟真山石的视觉效果，多选用具有丰富皱褶与孔洞的人造山石，加入水景，以山石为静、水为动，表达出山水合一、动静合一的哲学观念

中式传统风格庭院中的假山

中国古典园林从整体布局到小空间的处理，大到叠石造山，小到布置少量湖石，都有许多特有的手法，且具有较高的艺术水平。假山作为中国自然山水园林的基本骨架，对园林的景观组合、功能空间划分起着十分重要的作用。假山也是现代庭院设计的重要组成部分。

假山表达的是自然生态元素，建筑表达的是人文思想元素。两者相结合反映出自然与人文思想的统一。高墙旁建造的亭子具有破壁而出的动感，搭配散置的湖石，强化了这种动态效应

假山与建筑

景墙上开设的窗洞主要用于取景，将庭院外部的景色引入庭院内部，同时达到内外互动的效果。在景墙内侧布置假山，通过窗洞实现借景，借庭院外部景色来衬托庭院内部的山石构造。山石垒砌的造型形成孔洞，模拟出山洞的幽深，与窗洞造型形成呼应

假山与景墙

竖向假山能营造出高耸的气势，在庭院中可表现出向上的动态效果。竖向假山石料需要深度加工，需经过机械切割、打磨，最终形成竖向纹理，塑造出陡峭的悬崖造型。造景时可搭配微缩建筑模型，表达出微缩自然景观的视觉效果

竖向形态假山

瘦、皱、透、漏是中国古典庭院石艺造景的标准，用湖石叠加，形成山洞造型，在开阔的庭院边角塑造一个狭窄的洞穴，打造出幽深、神秘的空间氛围

假山塑造洞穴

3.1.1 假山环境

造山与环境关系紧密，叠石造山要根据需要，配合环境决定山的位置、形状与大小。庭院因面积有限，多以山石作为房屋的主要配景，同时栽植花木，以增加生气和弥补没有水池的缺点。花木的大小、高低宜有层次，山的形状需为这些提供条件。因此，山的体量须与空间相称，形状宜前低后高，轮廓应有变化，忌最高点正对房屋明间，尤忌在其上建亭。此外，山体用石不在多，而在于使用得当。

较高标准的中国传统建筑都建造在高台之上，具有稳固的地面基础。现代庭院建筑也可以利用这种形式来强调山石的功能，衬托建筑环境。将山石整齐垒砌在建筑脚下，形成有一定坡度的挡土墙。在山石缝隙处植栽地被植物，融合自然生态元素

山石地台

假山环抱

在休闲区周边垒砌山石，形成挡土墙，既带来地势高差变化，又维持了休闲区地面的整洁。这一圈砌筑的山石与远处的建筑形成呼应，让开阔的庭院显得充实饱满

3.1.2 假山组合

中国古典庭院中的假山数量不等，其中以一座居多数。

明末清初的假山与流水组合主要为绝壁、峰峦、谷、涧、洞、路、桥、平台、瀑布等。现存假山虽不一定都具备这些单元，但是一般也有谷、洞、桥和绝壁。组合方法大抵临池建绝壁，壁下有路，转入谷中，盘旋而上，经谷上架空的桥，至山顶，其上有平台可以远望。峰峦的数目和位置，依山形大小来决定。洞则不过一二处，隐藏于山脚或谷中，也有的在山上再设瀑布，经小涧而流至山下。于是又将假山分为三部分，前后左右互相衬托，显得有宾有主，富有层次和深度。同时，由于山是实体，谷是虚体，所以形成了虚实对比，使山形趋于灵活。

垒砌假山后，在其中留出一条小路，穿越假山之间，形成曲径通幽的行走路线，提升游园的观赏价值

无锡寄畅园假山石

中国古典假山石多选用多孔的太湖石，多孔既代表包容万象的哲学理念，又符合中式传统审美

将中央山石塑造成高耸的状态，表意为山峰，具有地理标识的意义；周边有散落的山石进行支撑，表意为群山，具有山峦脉络的意义。中央与四周形成山石布局的场景化、规模化

北京恭王府假山

苏州留园假山

3.1.3 规划布置

假山一般建于池侧，其高度不应只根据池面宽窄来确定，还要考虑池水水位和池岸的高度。但一般情况下往往忽略后两项因素，尤其是忽略池水的最高水位，这会导致一旦池中水满，就会给人“山形低小”的感觉。

山石的规划首先要利用山石群烘托主峰，这些单元的位置和形体大小又互相衬托，以形成虚实对比与层次深度不同的效果，还能增加山形的变化与立体感。体形较大的山，比如上海豫园假山，主峰置于后部，其前以盘曲的蹬道，综错的台、谷、涧，以及瀑布、绝壁等，自下而上构成层层叠叠的复杂形体，主峰自然显得高峻。反之，体形较小的山，主峰可以置于前部，以左右峡谷、桥和较低的峰峦作为陪衬，也能使人感到主峰雄伟。但不论用何种方式，主峰位置都宜稍偏，山形较长者尤需如此。

假山经多层垒砌，其中穿插道路，能引导游人向上行走，在山石之间植栽绿化，让山石富有生机与动感。

（a）全景

（b）水流源头

在山石内凹处设计流水，让人无法追寻流水的源头，具有神秘感

假山上设计多层次布局，每层之间设计道路供人行走，所有山石布置区域都能让人进入，以形成良好的互动，最大限度地发挥庭院中每一处土地与景致的观赏价值

（c）山石道路

上海豫园假山

3.1.4 塑造假山

我国岭南园林中早有塑造假山的工艺，后来逐渐发展成为用混凝土塑造置石和假山，这已成为假山工程的一种专门工艺。在我国悠久的历史中，众多假山匠师们吸取了中国传统山水画的理论和技法，通过实践创造出了我国独特、优秀的假山制作技艺。因此，值得我们发掘、整理、借鉴，在继承的基础上将这一传统民族文化发扬光大。

挑选形态符合的真山石，裁切修饰后用水泥砂浆黏结起来，形成全新的山石造型，让这些造型符合庭院设计需求

将混凝土浇筑成型，并在外表喷涂着色，最终形成错落有致的山石造型，内部构造多为空心，可降低建造成本，所获得的外形可以根据需要设定，可灵活把控

真山石重塑

混凝土塑山

3.2 假山功能

中国古典庭院要求达到“虽由人作，宛自天开”的高超境界，庭院主人为了满足游赏活动的需要，必然要建造一些体现人工美的庭院建筑。但就园林的总体要求而言，景物外貌处理的要求是人工美从属于自然美，并把人工美融合到自然美的环境中去。庭院中的假山主要功能有以下几方面。

3.2.1 主景设计

以山为主景或将以山石为驳岸的水池作为主景，整个庭院地形骨架的起伏、曲折皆以此为基础进行变化。比如明代南京瞻园、清代扬州个园和清代苏州环秀山庄等，总体布局都是以山为主，以水为辅，其中建筑并不一定占主要地位，这类庭院实际上是假山园。

山石之间预留的水域面积狭小，让山石始终成为庭院的主要景观，水景仅是陪衬

用山石构建起洞穴，在其中搭建路桥供人从中穿行，形成山石与行人的互动，山石顶部设计亭子供穿行后的人们休闲

南京瞻园

扬州个园

在水中建造的山石景观形体较大，从庭院内各个角度观赏都能看到山石是主体，水景与绿化是陪衬

苏州环秀山庄

3.2.2 空间组织划分

我国古代庭院善于运用“个景”的手法，即根据用地功能和造景特色将庭院化整为零，形成丰富多彩的景区，这就需要划分和组织空间。划分空间的手法很多，利用假山划分空间是从地形骨架的角度来划分的，具有自然和灵活的特点。特别是结合山与水相映成趣的特点来组织空间，会使空间更富个性。

在组织空间时，通过假山将障景、对景、背景、框景、夹景等手法灵活运用，可以转换建筑空间的轴线，也可以在两个不同类型的景观、空间之间用假山实现自然过渡。例如，苏州拙政园、网师园的局部就是运用假山来组织和划分空间的。

山石将庭院中的多个区域进行划分，区域之间设计道路并与桥梁连接，穿插水景，将山石、水景、路桥三者融为一体，让庭院空间变得丰富有趣

苏州拙政园

苏州网师园

苏州网师园中的山石基本都集中布置在庭院围墙的内侧，山石与围墙紧密相连，与围墙上的景窗形成呼应，景窗能让园内的游人观赏园外的景色，同时能让园外的游人观赏到园内的山石景观，将远借、邻借的设计手法发挥得淋漓尽致

3.2.3 点缀陪衬环境

山石点缀陪衬的作用在我国大江南北的园林中均有所见，尤以江南私家园林中运用最为广泛。山石作为建筑的配景与建筑紧密结合，相辅相成，或穿插在厅堂间，或置于建筑旁，或与建筑相结合。

苏州留园东部空间基本上是用山石和植物装点的，有的以山石作为花台，有的石峰凌空，有的在粉墙前散置，有的以竹、石结合作为廊间转折的小空间和窗外的对景。游人环游其中，一个石景往往可以兼作几条视线与动线的对景。石景又以漏窗为框景，增添了画面层次和明暗的变化。虽然仅仅有四五处山石小品布置，但由于游览视线与动线的变化，能得到几十幅不同画面的效果

苏州留园假山石与环境

扬州个园因山石与植物相映成趣，形成春、夏、秋、冬四季假山。此外，白然山石挡土墙在外观上曲折、起伏、凹凸有致，极显自然情态。人工挖湖堆山时，在较陡的土坡地上，改善水土流失，常通过散置山石来阻挡和分散地面径流。园中还广泛种植观花植物，并用创造好的花境来组织庭院中的游览路线，或与壁山结合，或与驳岸结合，在规整的建筑范围中创造自然且疏密不同的变化

扬州个园山石与植物

3.3 假山施工

假山施工较为复杂，将自然山石掇叠成假山的过程主要包括石料选用、基础构造、底部构造、中层构造、顶部构造、山洞构造、加固设施等要点。

3.3.1 石料选用

石料运输到施工现场后，应分块平放在地面上以供挑选。仔细观察现场石料的质地、颜色、形态、纹理和体量，按掇山部位的造型和要求对其分类，对关键部位的结构用石作出标记，以免滥用，这样才能做到通盘运筹、因材施用。具体操作时可参考如下方法。

1. 单块峰石

选择单块峰石放在安全处。由于按造型施工的程序，峰石多为最后使用，所以要将其放到离施工场地稍远一点的地方，以防在吊装时与其他石料发生碰撞。

2. 石料分配

按照不同的形态、作用和造型施工的先后顺序对石料进行合理安排。例如，拉底用石放在前，封顶用石放在后；石色、纹理接近的放在一处，用于体现对比、差异很大的放在另一处等。要使每一块石料的大面，即最具形态特征的一面朝上，以便施工时不需翻动就可以辨认取用。

单块峰石较昂贵，放置在施工现场时应设置护栏围合，避免损坏

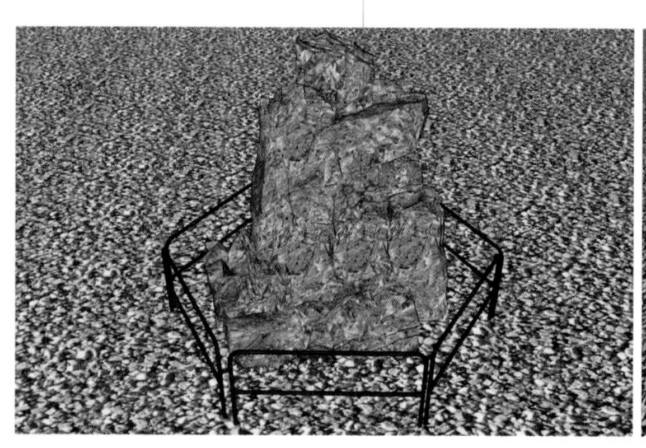

单峰石块

将形态一致或类似的石料分类摆放，这样能快速找到所需的石头

石料分配

3. 排列观察

2 ~ 3 块石料为一排，排成纵列置于施工场地。列与列之间须留出 1 m 左右的通道，以方便搬石。从叠石造山大面的最佳观赏点到安装场地的空间内，要保证地面无任何障碍物。石与石之间不能挤靠在一起，更不能成堆放置。不宜边施工边进料，否则无法将所有的石料按各自的形态特征进行统筹计划和安排。

将石块排列整齐，方便统一观察，形成对比

将形态特征一致或具有特色的山石分类排列，判断的核心标准是瘦、漏、皱、透，根据设计要求从中选择符合标准的山石材料

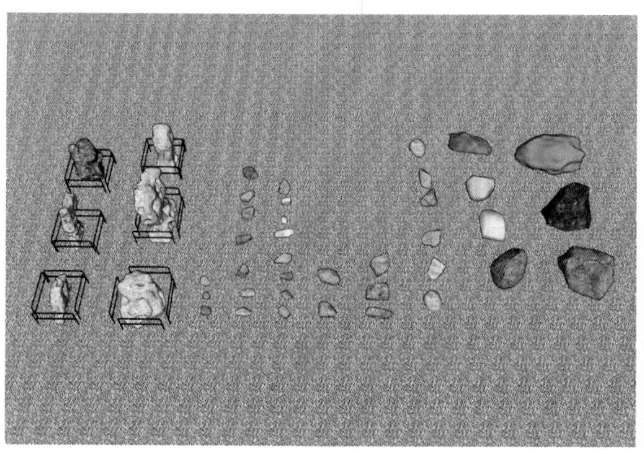

石块排列方式

分类排列山石

3.3.2 基础构造

假山的基础是根本，一般基础表面高度应在土表或池塘水位线以下 300 ~ 500 mm。常见的基础形式有以下几种。

桩基础

桩基础是一种常见的基础形式，多用于湖泥沙地或枯山水，特别是在枯山水中的假山或真山水中的驳岸用得很广泛。木桩多选用柏木桩或杉木桩，因其较平直又耐水湿。

木桩顶面的直径为 100 ~ 150 mm。木桩布置按梅花形排列，故称“梅花桩”。桩边的间距为 300 ~ 600 mm，其宽度视假山底脚的宽度而定，若做驳岸，少则三排，多而五排，大面积的假山即在基础范围内均匀分布。桩的长度或足以打到硬层，称为“支撑桩”；或用其挤实土壤，称为“摩擦桩”。桩长一般为 1 m 左右。

用推土机将地面推平，提高施工地面基础的平整度

用电锤在地面钻孔，深度为600 mm左右，直径较木桩略大即可

在孔洞底部铺设粒径为30 mm的碎石，厚50 mm左右，在孔中置入木桩

（a）将地面推平

（b）钻孔

（c）置入木桩

用橡胶锤将木桩打压至孔洞底部，形成牢固的桩基础

木桩与孔洞的缝隙处灌入C20混凝土

（d）打压牢固

（e）混凝土灌缝

桩基础最终形成梅花桩形态

将山石吊装至梅花桩之间，让木桩对山石形成牢固的支撑状态

（f）形成梅花桩

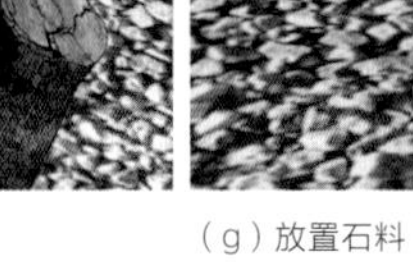

（g）放置石料

桩基础施工过程

灰土基础

将山石建在地面土层中时，多采用灰土基础。如果池水水位不高，雨季降水时间较集中，灰土基础就有比较好的凝固条件。灰土经凝固后不透水，可以减少土壤冻胀的破坏。灰土基础的宽度应比山石底面宽约500 mm，保证假山的压力均匀地传递到素土层。

基坑深度一般为600 mm左右，高度在2 m以下的山石构造可以打一步素土和一步灰土，高度在2 ~ 4 m的假山用一步素土和两步灰土。其中，一步灰土即布灰深度为300 mm，夯实后的厚度为100 mm左右。石灰应选用新出窑的块灰，在现场泼水化灰。灰与土的比例为3 ： 7。

用推土机将地面推平，提高施工地面基础的平整度

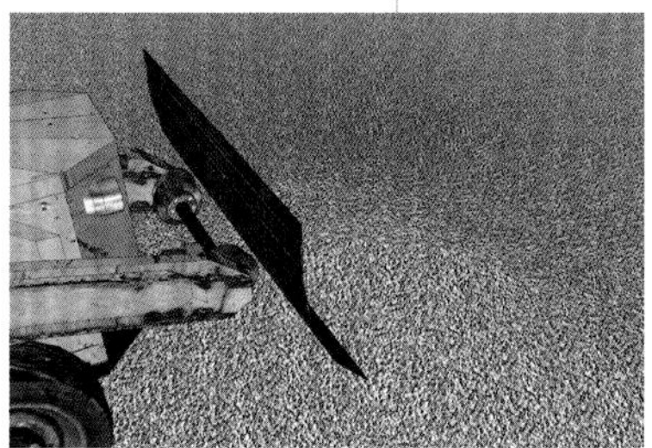

（a）将地面推平

根据测量数据，用挖掘机在地面开挖土层

（b）开挖土层

用打夯机夯实基坑底部

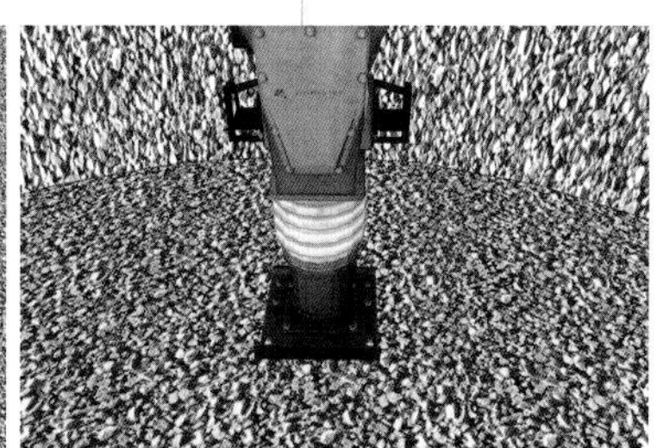

（c）夯实基坑

将开挖出来的土剔除石子、杂质，经过网筛后，重新铺撒至基坑底部，厚约100 mm

（d）铺撒素土

再次用打夯机夯实基坑底部

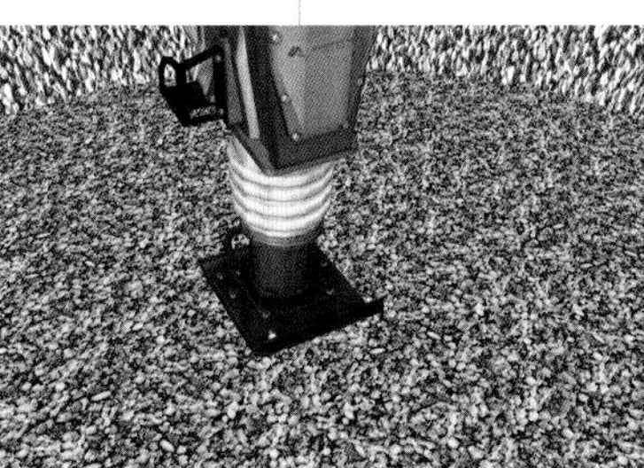

（e）夯实基坑

将经过网筛的素土与石灰混合，比例为1 ： 1，均匀铺撒在基坑底部素土层上方

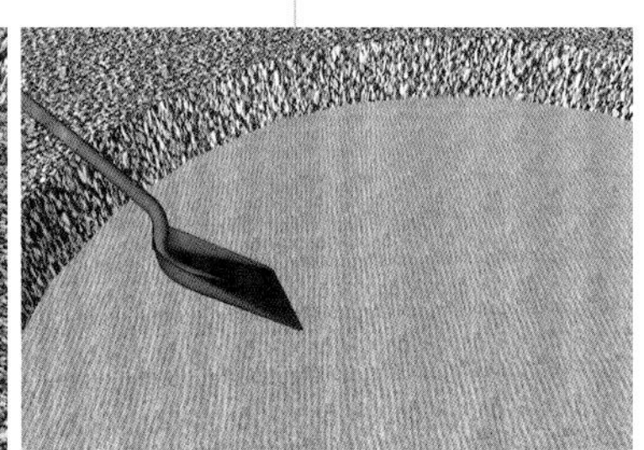

（f）铺撒灰土

继续用打夯机夯实基坑底部

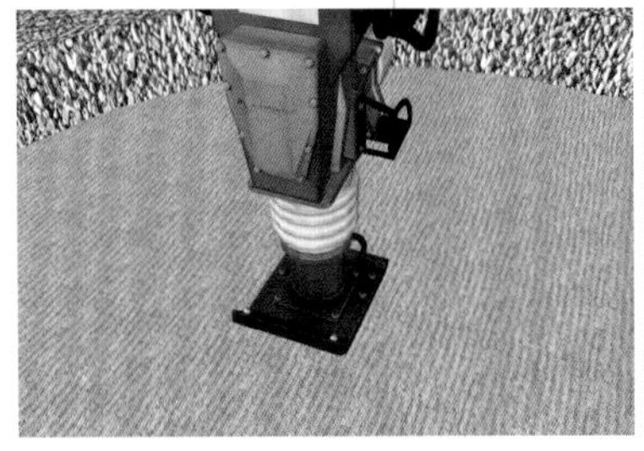

（g）夯实基坑

将山石吊装至基坑中央，摆放平整

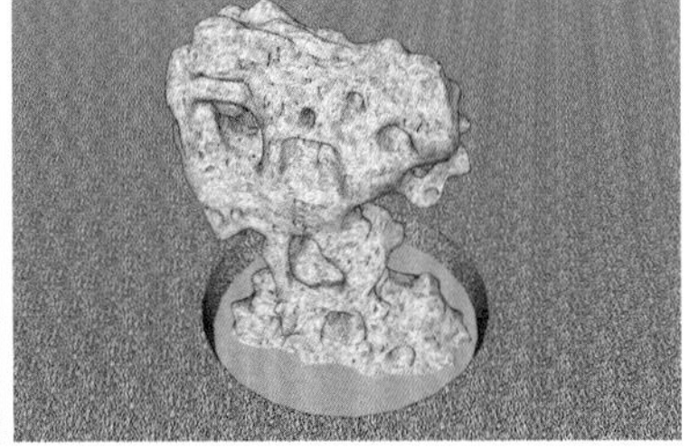

（h）放置石料

继续将 1 ∶ 1 的混合石灰铺撒至基坑内，直至完全填平，最后夯实完成

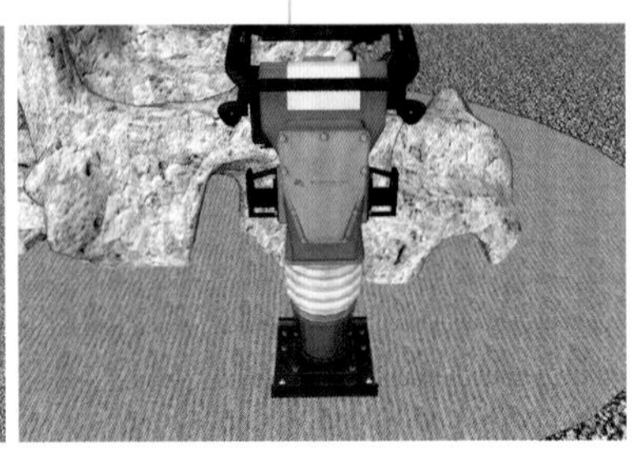

（i）周边填入灰土并夯实

灰土基础施工过程

3. 石基础

石基础多用于较好的土基上，常采用毛石、条石等石材，将其置于浅土坑内，使石材 60%左右嵌入土壤中固定。这种置石的方法一般用于石景的特置，能够表现单个石材的造型艺术，让石材与土壤形成独特的视觉冲击。

在石基础的置石过程中，首先需要选择合适的石材。毛石、条石等石材因其天然纹理和独特的美观造型，而成为石景置石的首选。同时，根据石景的具体需求，选择不同形状、颜色的石材进行搭配，从而达到理想的艺术效果。

用推土机将地面推平，提高施工地面基础的平整度

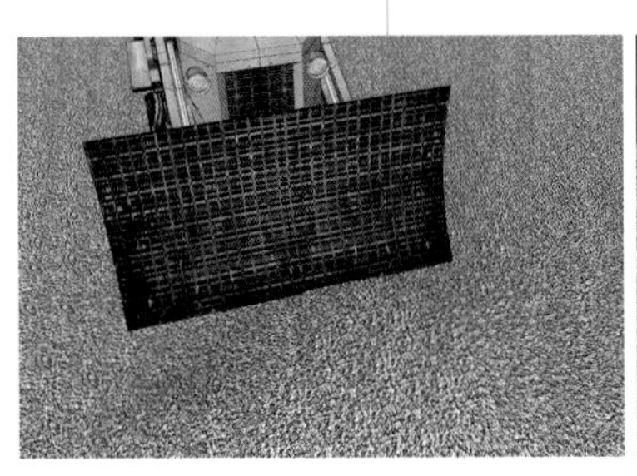

（a）将地面推平

根据测量数据，用挖掘机在地面开挖土层，深度约 600 mm

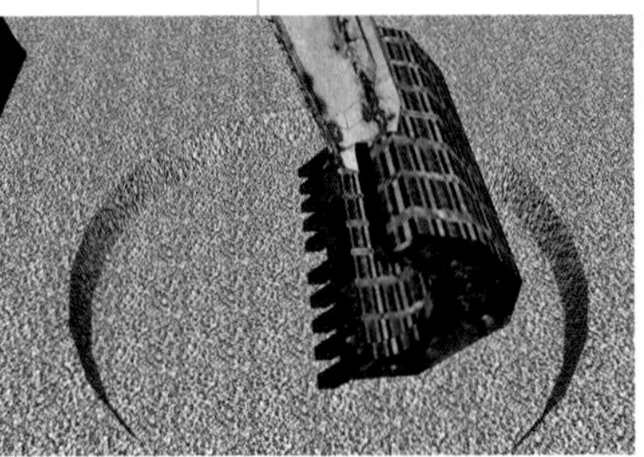

（b）开挖土层

用打夯机夯实基坑底部

（c）夯实基坑

在基坑底部铺设粒径为 30 mm 左右的碎石，碎石层厚约 100 mm

（d）铺设碎石

在碎石层上放置山石，保持主体山石垂直，在周边放置较小规格的山石并压制平整

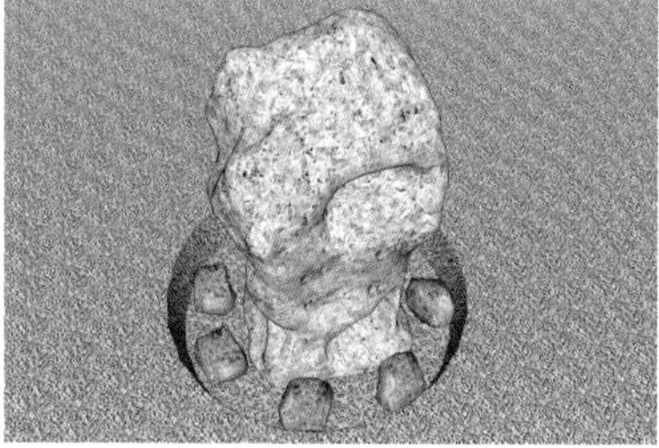

（e）放置石料

在基坑内回填土壤，每次回填高度为 250 mm，分两次回填

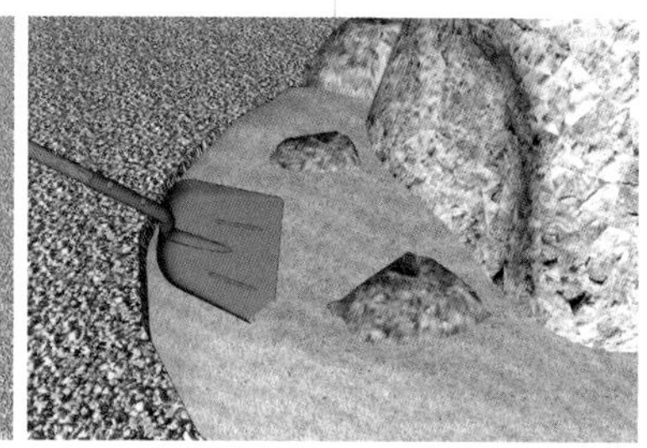

（f）填土

每次回填后都用打夯机夯实

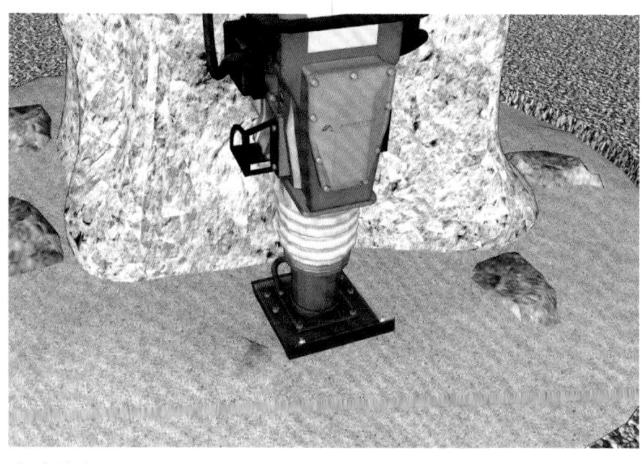

（g）夯实

在回填区的上表面用 1 ∶ 2 水泥砂浆砌筑形体大小不一的山石，让小块山石与主体山石紧密结合，形成稳固的支撑

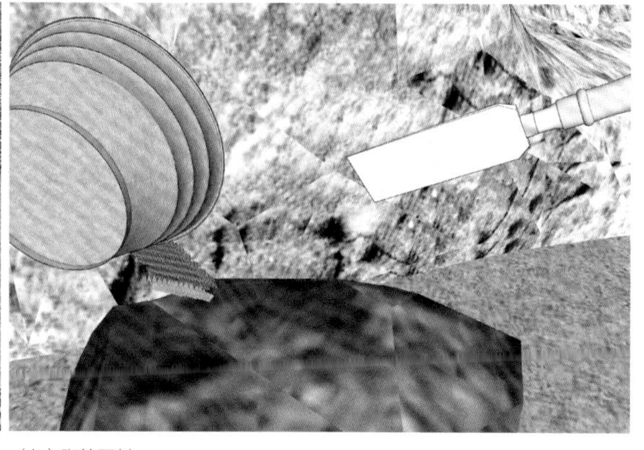

（h）砌筑石料

石基础施工过程

4. 混合基础

现代假山基础多采用砌筑块石或混凝土的方式，这类基础耐压强度大，施工速度较快。在基土坚实的情况下，可以利用素土槽浇筑。陆地上选用不低于 C20 的混凝土，水泥、砂、碎石的重量比为 1 ∶ 2 ∶ 4 ~ 1 ∶ 2 ∶ 6。水中假山基础用 1 ∶ 2.5 水泥砂浆砌块石，或用 C20 素混凝土做基础为妥。对于立地条件较差或有特殊要求的假山，其基础常采用钢筋混凝土浇筑。

用推土机将地面推平，提高施工地面基础的平整度

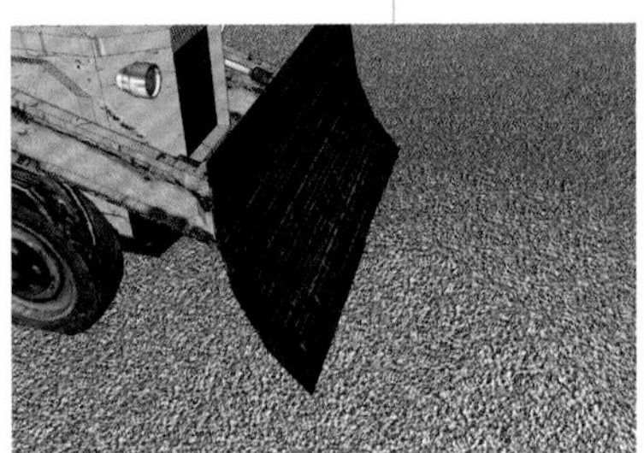

（a）将地面推平

根据测量数据，用挖掘机在地面开挖土层，开挖深度约为 600 mm

（b）开挖土层

用打夯机夯实基坑底部

（c）夯实基坑

用 C20 混凝土浇筑基坑底部，浇筑厚度为 200 mm

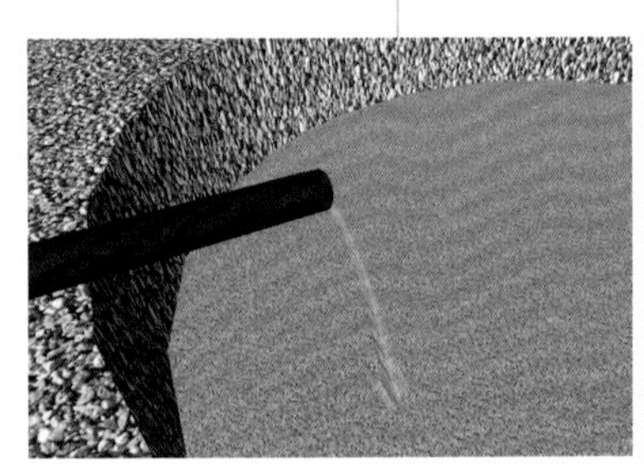

（d）铺设混凝土

在混凝土层上放置山石，保持主体山石垂直

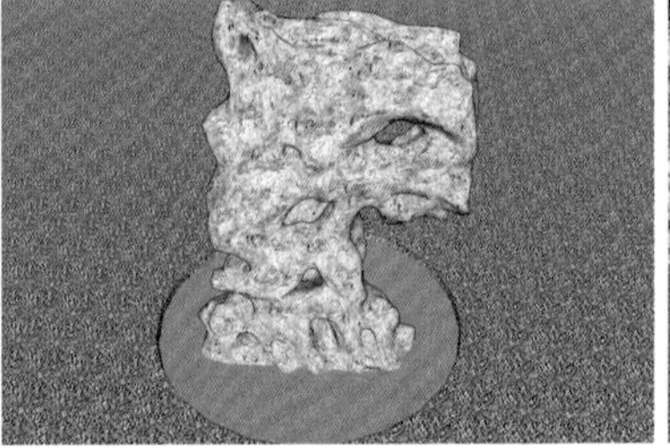

（e）放置山石

将经过网筛的素土与石灰混合，比例为 1 ：1，均匀铺撒在基坑底部混凝土层上方，铺装厚度为 200 mm

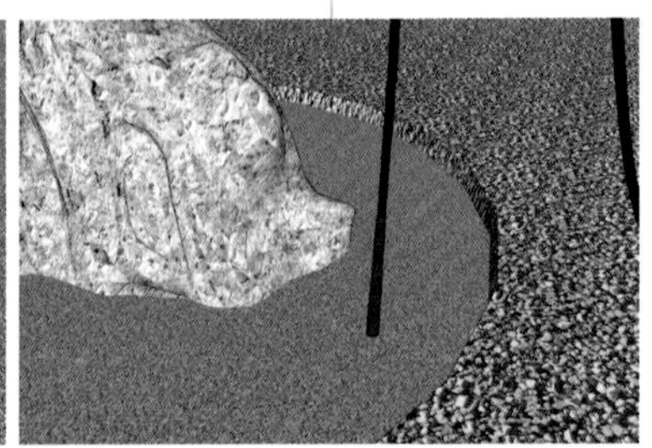

（f）铺设灰土

用打夯机夯实灰土层

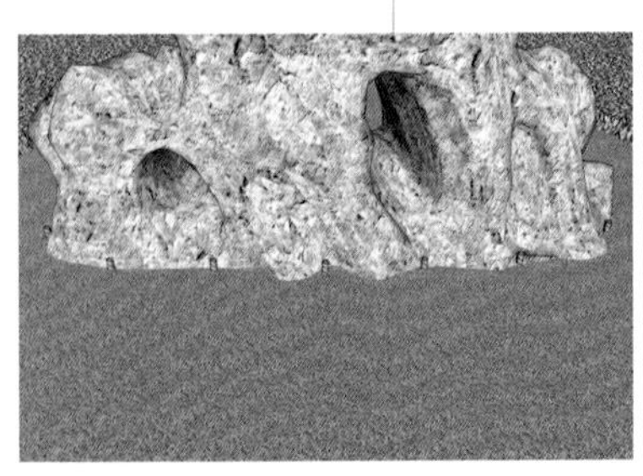

（g）夯实灰土层

在灰土层上方铺设粒径 30 mm 左右的碎石，碎石层厚 150 mm

（h）铺设石料

在碎石层表面继续铺设原始土壤层，直至填满基坑，并用打夯机夯实

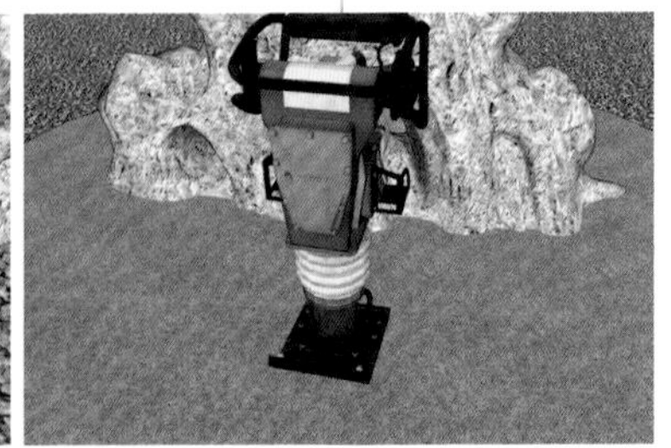

（i）周边填入土壤并夯实

混合基础施工过程

3.3.3 底部构造

底部构造能使山石底层稳固，并控制山石平面轮廓范围。由于这层山石大部分在地面以下，只有小部分露出地面，所以不需要形态特别好，但由于其相对来说是受到压力最大的自然山石层，故要有足够的强度。假山底部构造应遵循以下几方面要求。

统筹向背

依假山组合单元的要求来确定底石的位置和发展态势。简化处理那些视线不可及的部分，扬长避短，尽量做到面面俱到。

选择形态较统一的山石，将凹凸粗糙的一面统一朝下放置，形成良好且牢固的抓地形态

统筹向背

曲折错落

山石底部轮廓线要打破砌直墙的概念，为假山的虚实、明暗变化创造条件。

选择大小、形态不一的山石，交错排列，尽量增加山石之间的接触面积，形成稳固错落的形态

曲折错落

断续相间

假山底部外观不是连绵不断的，要为中层“一脉既毕，余脉又起”的自然变化做准备。

在布置连续山石时，要刻意在各构造之间断开，形成断续形态。这种虚实相间、起伏变化为通行预留出空间

断续相间

4. 紧连互咬

假山在外观上要有断续的变化，结构上应一块紧连一块，接口力求紧密，最好能互相咬合住。假山外观所有的变化都必须建立在结构重心稳定、整体性强的基础上。实际上，山石在水平方向上是很难完全自然地紧密相连的，这就要用小块石头打入石间的空隙部分，使其互相咬住，共同制约，最后连成整体。

精心挑选造型不一的山石，让这些山石的凹凸构造相互契合，形成牢固的支撑结构，给人以稳定向上的感觉

紧连互咬

5. 垫平安稳

作基础的山石大多数都要求将大而水平的面朝上，这样便于继续向上垒接。为了保证山石表面水平，一般需要将石底捶垫平整，以保持重心稳定。北方地区多采用满拉底石的办法，在假山基础上满铺一层底石。而南方一带因为没有土石冻胀的困扰，所以常采用先拉周边底石再填心的办法。

将形态接近的中小型山石铺设在地面上，形成密集且平整的山石基础，在此基础上再垒砌形态较大的山石，具有良好的稳固性

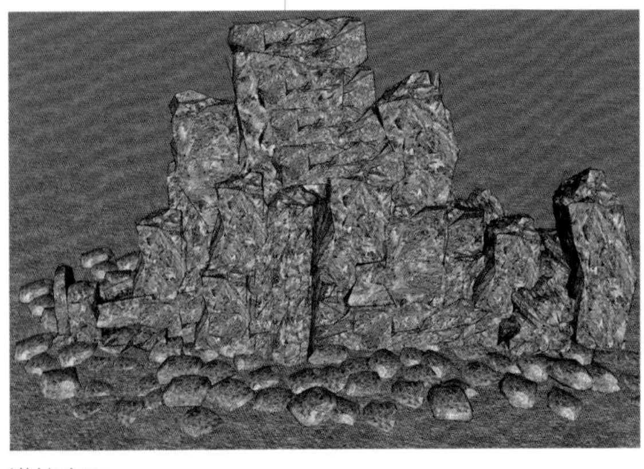

满拉底石

在地面开挖面积较大的基坑，深度为200 ~ 300 mm，在基坑内填充山石，并以此作为基础在上部继续砌筑山石，形成平稳的基础构造

石坑填心

3.3.4 中层构造

中层构造是指底层以上、顶层以下的大部分山体，这是体量最大，可以看到的最多的部分。中层山石构筑物的造型除了要求平稳，还应遵循以下几方面要求。

接石压茬

山石上下层的衔接要严密，要有意识地进行大块面遮挡，避免在下层露出一些很破碎的石面，否则会失去自然气氛，而露出人工的痕迹，也是皴纹不顺的反映。

上下层的山石之间衔接紧密，形成承上启下的构造。有时为了做出变化，故意预留石茬，待更上一层时再压茬

接石压茬

偏侧错安

力求破除对称的形体，避免呈四方形、长方形、正品形或等边三角形。要因偏得致，错综成美，从山石各方向看上去，都呈不规则且不重复的造型，以便为向各个方向的延展创造基本的形体条件。

刻意将部分山石造型较突出的一端或一面朝向观赏者放置，让较平庸的造型呈现于背面，全方位展现自然造型

偏侧错安

3. 仄立避闸

山石虽然可立、可蹲、可卧，但不宜像闸门板一样仄立。仄立的山石很难和一般布置的山石相协调，而且往上衔接其他山石时，接触面往往不够大，会影响山石的稳定性。但这也不是绝对的，若想在庭院中布置仄立如闸的山石，应加以变化，力求巧妙。

仄立避闸

为了既能节省石材，又能使庭院山石有一定的高度，可以在视线不可及处，或仄立山石的架空处增加上层山石，形成险峻的造型

在中层山石向上堆积的过程中，如果要安排悬空山石，为了平衡山石的重心，就应当在顶部用较大的山石进行压制，形成重心平衡的效果

4. 等分平衡

拉底用石的平衡问题表现不显著，堆积到中层以后，平衡的问题就很突出了。悬崖造型的山石会一层层地向外挑出，这样重心就会向前移，因此必须用数倍于前部悬空山石的重力稳压内侧，把前移的重心再拉回到假山的重心线上。

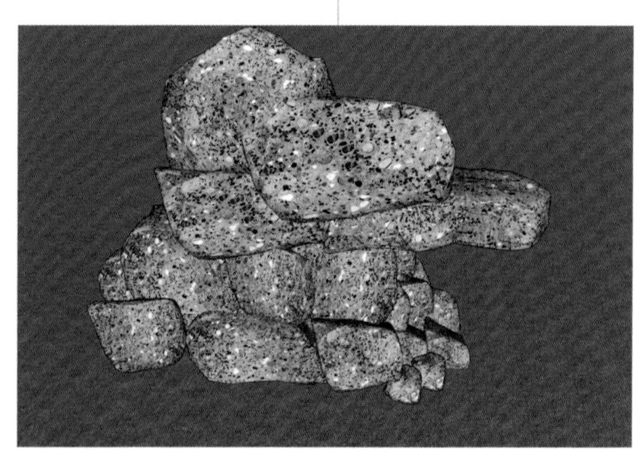

等分平衡

3.3.5 顶部构造

处理假山最顶层的山石叫作收顶。顶层的体量虽不如中层大，但有画龙点睛的作用。因此，要选用轮廓和形态都富有特征的山石。

收顶一般分峰、峦和平顶三种类型，收顶峰势因地而异，故有“北雄、中秀、南奇、西险”之称，就单体形象而言又有仿山、仿云、仿生、仿器物之别。立峰必须以自身重心平衡为主，支撑胶结为辅，石体虽然要顺应山势，但立点必须求实避虚，峰石要主、次、宾、配彼此有别，前后错落有致，忌“笔架香烛”“刀山剑树”之势。顶层叠石虽然造型万千，但绝不可顽石满盖而成童山秃岭，应土石兼并，配以花木。

峰

在山石顶部分多个高峰向上屹立，要有主峰和次峰的视觉区分

山石顶部虽然没有突出的山峰，但是有较明显的突出造型，形成平缓的视觉中心

山石顶部为平整状态，相对光洁平缓，多作为主峰的陪衬，或可供人攀爬、站立

峦

平顶

3.3.6 山洞构造

山石构造组合成山洞，主要有以下三种形式。

 梁柱式山洞

山洞的壁实际上由柱和墙两部分组成，柱受力而墙承受的荷载不大。洞墙可作为采光和通风的自然窗门。柱是点，同侧柱点的自然连线即洞壁，壁线之间的通道即是洞。在一般地基上做假山洞，大多筑两步灰土。基础两边比柱和壁的外缘略宽出不到 1 m，承重量特大的石柱还可以在灰土下面加桩基。这种整体性很强的灰土基础，可以防止因不均匀沉陷而造成的局部坍倒。有不少梁柱式山洞都以预制钢筋混凝土板为梁，或用型钢加固。这样虽然满足了结构上的要求，但洞顶外观极不自然，洞顶和洞壁不能融为一体，即便加以装饰，也难求全。如果以自然山石为梁，外观会稍好一点。

根据设计要求在地面放线定位，并在相应位置插入钢筋，作为地面轮廓标记

（a）放线定位

在地面开挖基坑，开挖深度为 400 mm 左右，夯实基坑底部

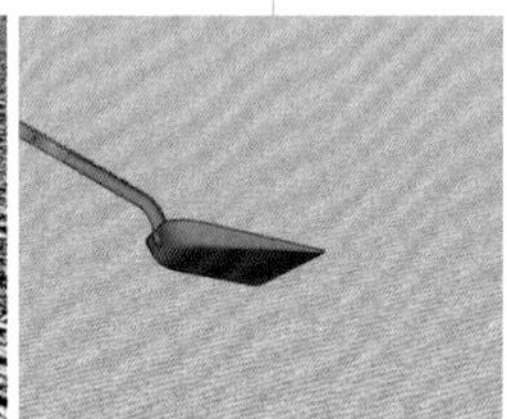

（b）开挖基坑

在基坑底部钻孔，深度为 300 mm，插入石柱，柱体截面边长约 200 mm

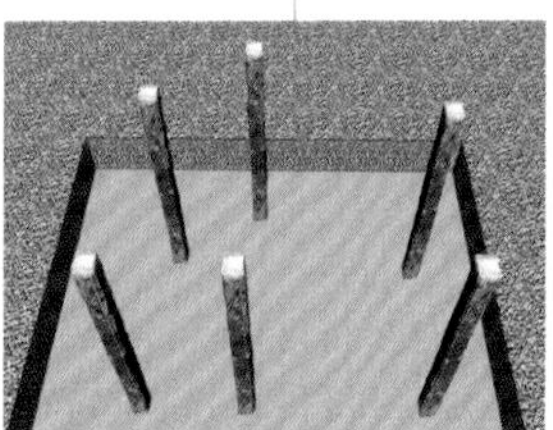

（c）埋入石柱

围绕石柱堆砌山石，用 1 ： 1 水泥砂浆砌筑成型

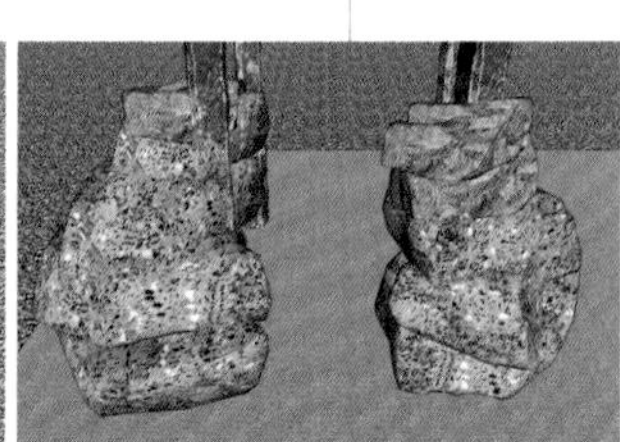

（d）堆砌山石

在砌筑好的山石顶部搁置山石横梁

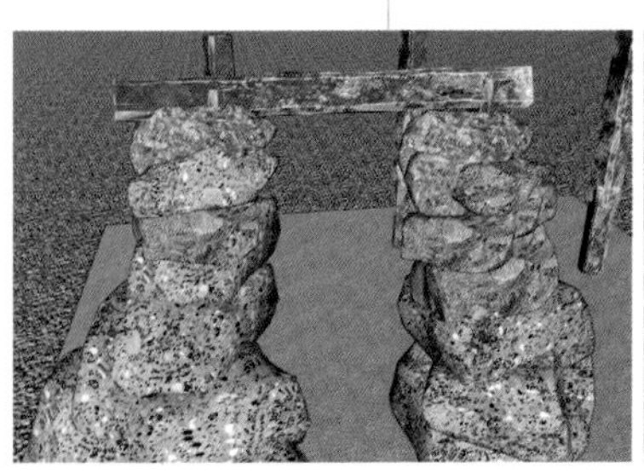

（e）架构石横梁

用 1 ： 1 水泥砂浆砌筑固定横梁与顶部山石

（f）局部加固

用多种手工工具修饰山石顶部构造，让造型更加自然

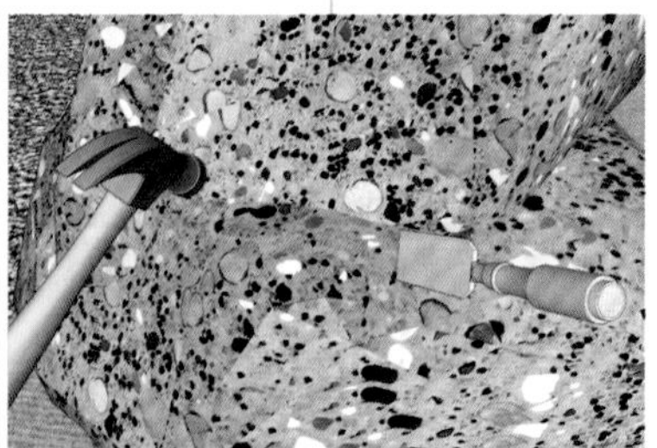

（g）修饰成型

梁柱式山洞施工过程

挑梁式山洞

挑梁式山洞又称为叠涩式山洞，即石柱边起边向山洞侧挑伸，至洞顶用巨石压合。

根据设计要求在地面放线定位，并在相应位置插入钢筋，作为地面轮廓标记

（a）放线定位

在地面开挖基坑，开挖深度为 400 mm 左右，夯实基坑底部

（b）开挖基坑

在基坑底部钻孔，深度为 300 mm，插入石柱，柱体截面边长约 200 mm

（c）埋入石柱

围绕石柱堆砌山石,用 1 ：1 水泥砂浆砌筑成型

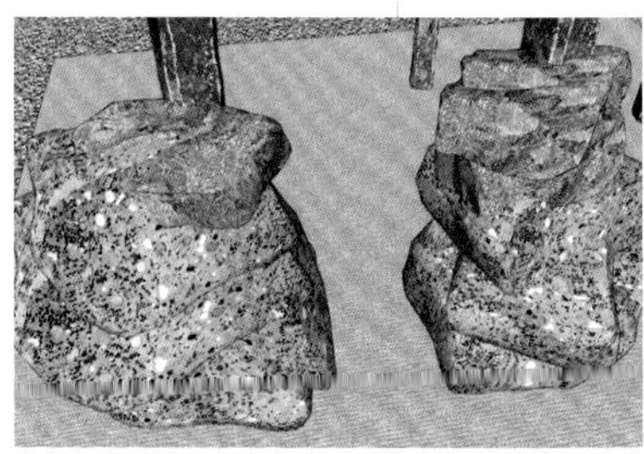

（d）堆砌山石

在砌筑好的山石顶部搁置山石挑梁，出挑长度为 300 ~ 800 mm

（e）架构山石挑梁

在顶部继续砌筑山石，压制山石挑梁，形成稳固的悬挑构造

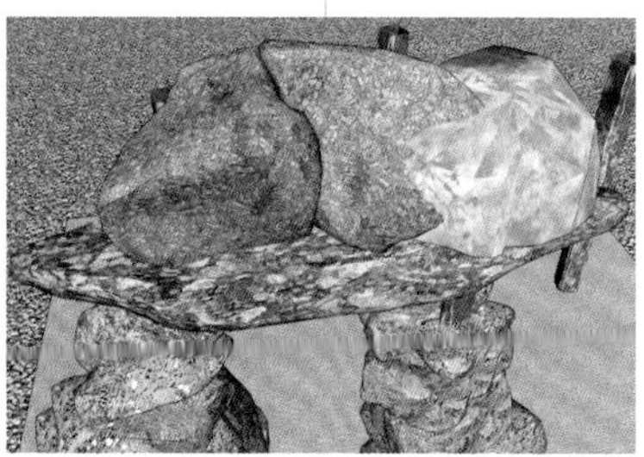

（f）巨石压顶

用 1 ：1 水泥砂浆砌筑固定顶部的山石缝隙，对局部进行加固衔接

（g）局部加固

用多种手工工具修饰山石顶部构造，让造型更加自然

（h）修饰成型

挑梁式山洞施工过程

3 拱券式山洞

拱券式结构的山洞承受的重量是沿拱券逐渐传递的，因此不会像梁柱式山洞那样出现石梁被压裂、压断的危险，而且顶、壁一气，整体感强。

根据设计要求在地面放线定位，并在相应位置插入钢筋，作为地面轮廓标记

（a）放线定位

在地面开挖基坑，开挖深度为 400 mm 左右，夯实基坑底部

（b）开挖基坑

在基坑底部砌筑山石，形成向上自然屹立的构造

（c）砌筑山石

用切割机裁切木料，木料截面直径或边长为 100 ~ 150 mm

（d）裁切木料

用绳索将木料绑扎起来，在山石之间形成门洞造型

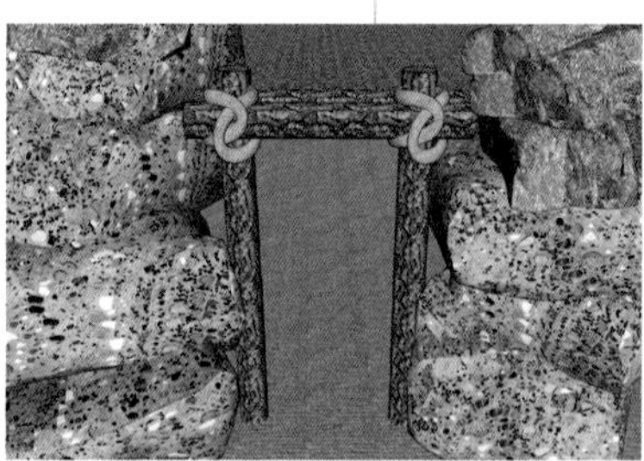

（e）绑扎木料

在木料门洞造型的基础上继续绑扎，形成拱形模具

（f）绑扎拱形模具

用 1 ： 1 水泥砂浆在模具上砌筑山石，模具上方山石相互挤压，形成拱券造型

（g）模具上砌筑山石

采用 1 ： 1 水泥砂浆固定顶部山石缝隙，并对局部进行加固衔接

（h）局部加固

模具上方的山石砌筑完成后，湿水养护 28 天，然后拆除下部模具

用多种手工工具修饰山石的顶部构造，让造型更加自然

（i）拆除模具

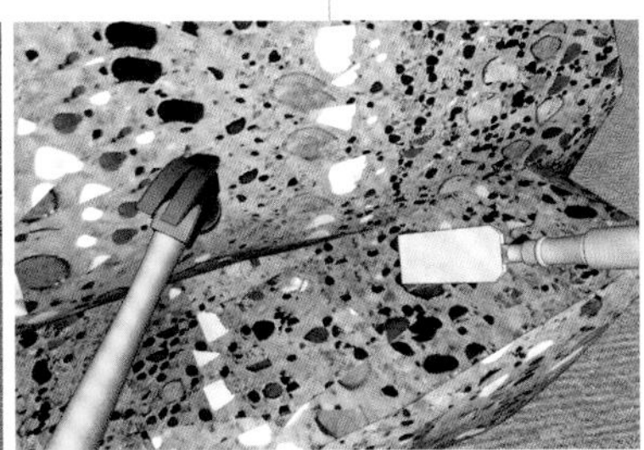

（j）修饰成型

拱券式山洞施工过程

3.3.7 加固设施

1. 平稳设施和填充设施

为了安置底面不平的山石，在找平石料的上表面以后，可在底部的不平处垫一块至数块用于控制平稳性和传递重力的垫片。山石施工讲究“见缝打捶”，“捶”要选用坚实的山石，在施工前就打成不同大小的斧头形“捶片”以备随时选用。这块石头虽小，却承担了控制平衡和传递重力的要任。打捶一定要找准位置，尽可能用数量最少的捶求得稳定，对于两石之间的空隙也要适当地用石块填充。假山外围每做好一层，最好马上用石块和灰浆填充缝隙，凝固后便形成一个整体。

收集山石加工过程中产生的片状山石，根据其形态，将其进行组合垫在山石底部的空隙处，形成支撑

对山石边角料进行凿切加工，形成楔状造型，将其插入山石底部，形成支撑

碎石垫片

嵌入石楔

2. 用钢筋加固设施

必须在山石本身重心稳定的前提下进行加固，常使用钢筋进行加固。钢筋材料要“用而不露”，主要用来加强山石间的水平联系，先将石头水平方向的接缝作为中心线，再根据钢筋粗细划线凿槽打下去，最后接上山石就不会外露了。

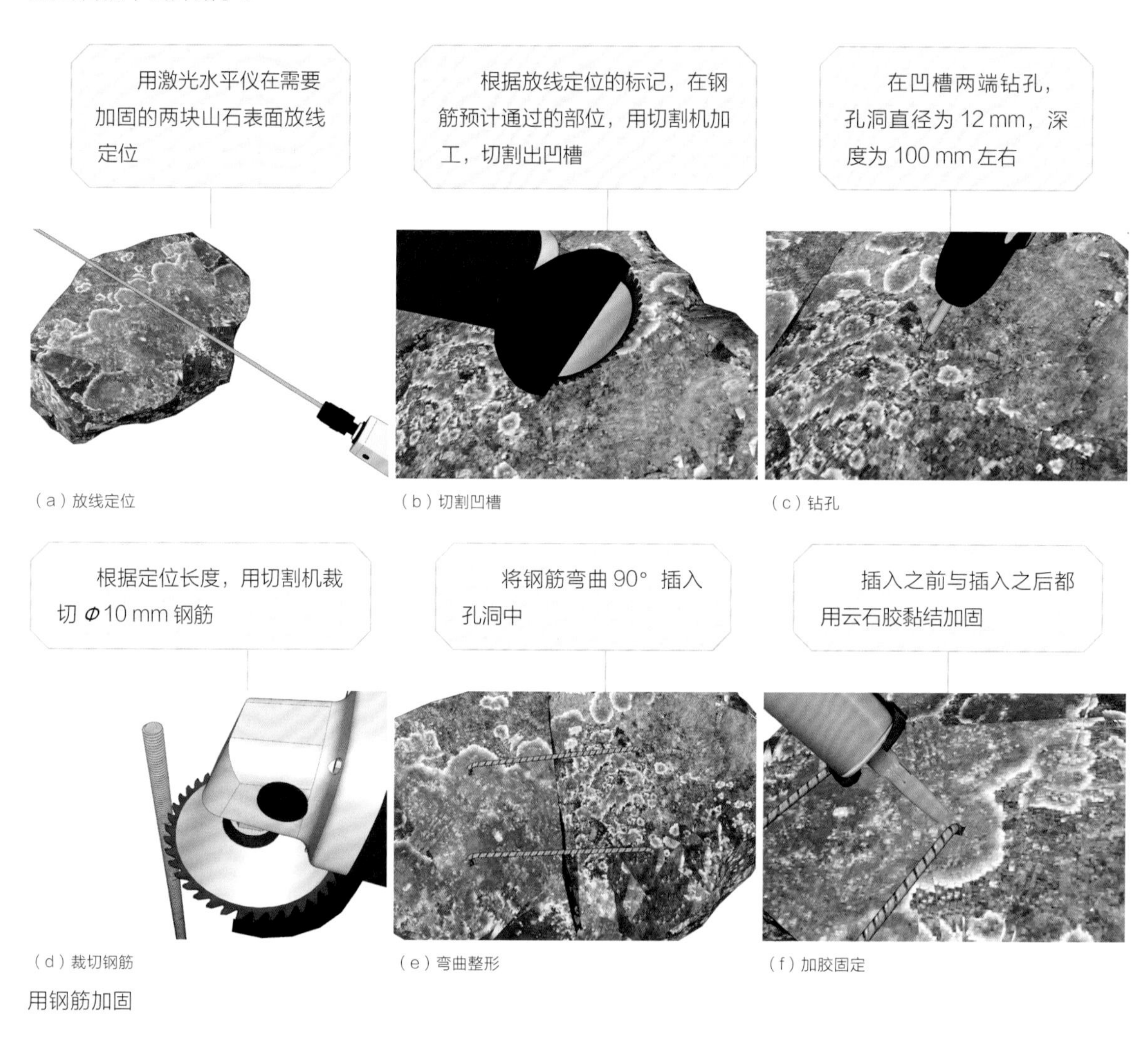

（a）放线定位 （b）切割凹槽 （c）钻孔

（d）裁切钢筋 （e）弯曲整形 （f）加胶固定

用钢筋加固

3. 勾缝和胶结

处理缝隙最普通的方法是用 1 ： 1 水泥砂浆勾缝，勾缝有勾明缝和勾暗缝两种做法。一般是水平方向的缝都勾明缝，在需要时将竖缝勾成暗缝，即在结构上结成一体，而从外观上看好似自然山石缝隙。勾明缝时，缝隙不要过宽，最好不要超过 20 mm，如果缝隙过宽，则要用相应形状的石块填缝后再勾缝。除了水泥砂浆，还可以使用 AB 干挂胶对山石进行粘贴。

用切割机对有裂缝的山石局部开槽切割，扩大缝隙并修整缝隙造型

用刷子清除粉尘

调配 1 ：1 水泥砂浆

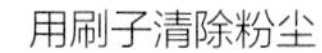

（a）开槽切割

（b）清理山石缝隙

（c）调配水泥砂浆

洒水润湿开槽的缝隙

细致涂抹水泥砂浆至切割缝隙处，重新形成规整且具有审美的新缝隙，或将缝隙完全填平

清理缝隙，修补表面并用湿水养护

（d）润湿缝隙

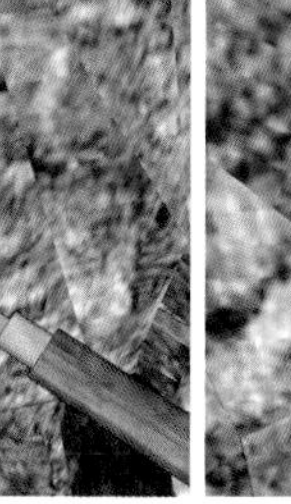

（e）涂抹勾缝

（f）清理缝隙

用水泥砂浆勾缝

AB 干挂胶分为 A 桶与 B 桶，打开后要及时使用

将两种胶均匀搅拌

将搅拌均匀的 AB 干挂胶涂抹在山石的粘贴表面，涂抹间距为 150 ~ 200 mm

（a）打开包装

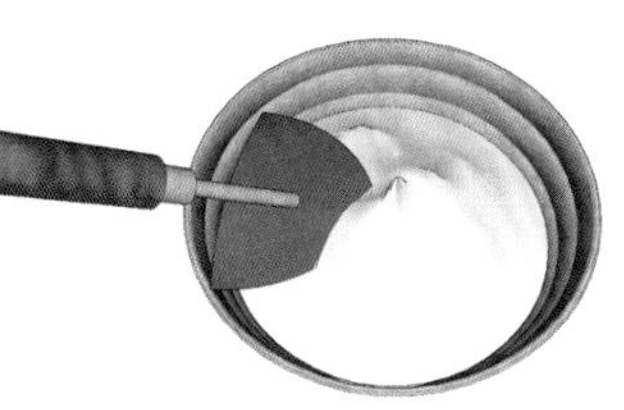

（b）搅拌均匀

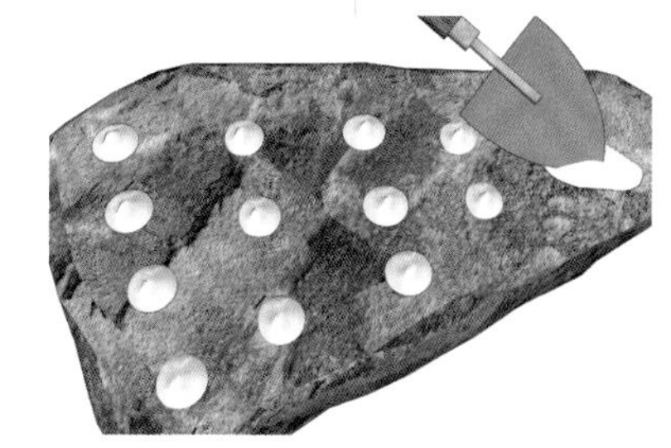

（c）涂抹

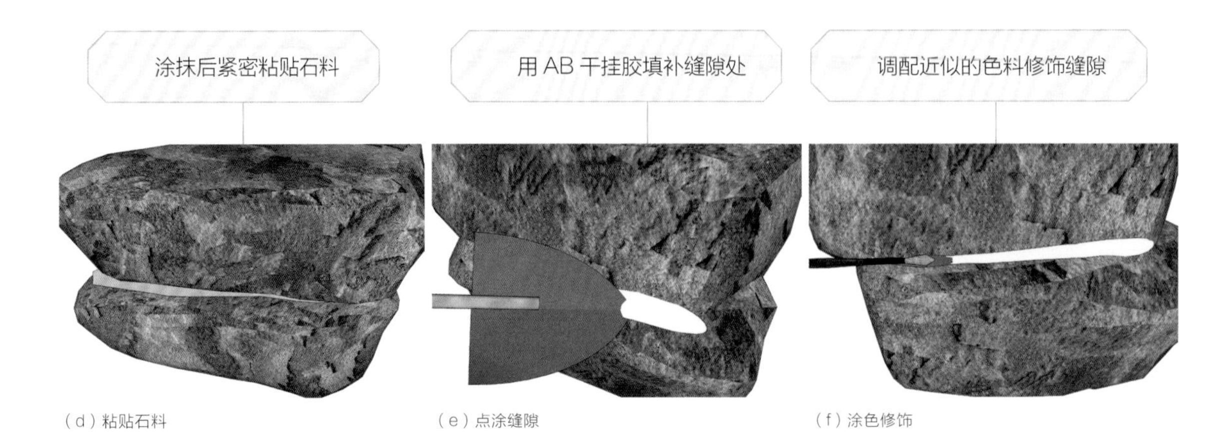

（d）粘贴石料　（e）点涂缝隙　（f）涂色修饰

用 AB 干挂胶粘贴

3.3.8 假山施工要点

假山施工是一个复杂的系统工程，为保证假山工程的施工质量，应注意以下几点。

1. 先后顺序

应自后向前、由主及次、自下而上分层作业。每层高度为 300 ~ 800 mm，各个工作面的叠石应当在胶结料开始凝结之前或凝结之后继续施工，不能在凝固期间强行施工，一旦山石松动，胶结料即失效。

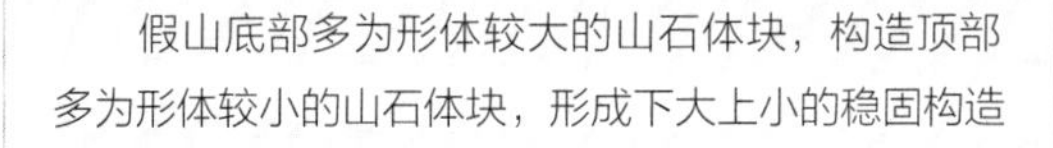

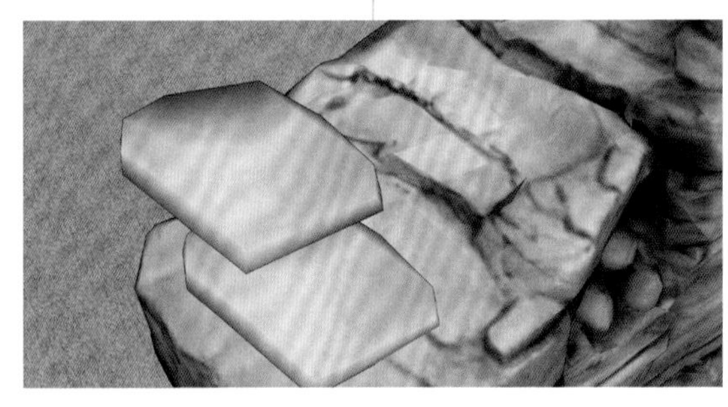

顺序

2. 预埋预留管线

切忌事后穿凿水路孔洞，否则石体易松动。应在山石安装前预留管线洞口，并在部分山石内布置管线，这些管线可随着假山石搬运至安装部位，待固定后再连接上下游管线。

假山如果需要用水用电，则应在山石基础的底部预先布置水管电线，各种线管都应有金属保护套管保护

预埋预留管线

3. 吊装到位

应避免在山石上磨动，一般要求在山石就位前按叠石要求将其原地立好，然后拴绳打扣。不论人抬还是机吊都要有专人指挥。若一次安置不成功，则需移动山石，将石料重新抬起或吊起来调整位置，不可将石体在山体上磨转移动，否则会带动下面的石料同时移动，从而有山体倾斜倒塌的危险。

形体较大的名贵山石要确保吊装安全，避免山石受到破坏或引发施工安全问题

吊装到位

4. 检查验收

山石安装完毕后，应重新检查设计图纸和各道工序，进行必要的调整补漏，而后冲洗石面，清理现场。若有水景构造，则还应测试防水效果。

由山石围合构筑的水池，应预先铺设防水材料，在山石砌筑的缝隙处涂刷防水涂料，验收时要检测水位线高度，防止水流失

检查验收

山石小品营造要点

在传统假山设计中，要注意把握整体感，讲究章法，尊重自然，重塑自然界的山石形象。把握山石构造的目的、功能、风格和主题思想，使石材充分体现地方特色和历史文化内涵，塑造有灵魂的山石作品。选石、布石应把握好比例尺度，要与环境相协调。在狭小局促的环境中，山石组合不可太大，否则会让空间产生窒息感。宜用石笋之类的石材置石，配以竹或花木，做纵向的延伸，减少紧迫感和局促感。在空旷的环境中，山石组合不宜太小、太散，否则会让空间显得过于空旷，使整体环境不协调。

3.4 人造山石

人造山石工艺是近年来新发展起来的一种庭院山石制作工艺，它充分利用混凝土、玻璃钢、有机树脂等现代材料，以雕塑艺术的手法来仿造自然山石。人造山石工艺是在我国传统山石艺术和灰塑工艺的基础上发展起来的，在现代庭院的建造中已被广泛使用。

3.4.1 人造山石特征

人造山石可以根据庭院设计思路，塑造出比较理想的艺术形象，比如雄伟、磅礴、富有力量感的山石，甚至能塑造出难以采运和堆叠的巨型奇石。人造山石造型能与现代建筑相协调，可随地势、建筑而塑造。人造山石还可以用来表现黄蜡石、英石、太湖石等不同种类石材的风格，在非产石地区可以运用价格较低的材料如砖、砂、水泥等布置山景，获得较好的山石艺术效果。

人造山石施工灵活方便，不受客观因素限制，在重量很大的巨型天然山石不易进入的地方，例如室内花园、屋顶花园等，人造山石可以塑造出壳体结构较轻的巨型山石。利用这一特点可以掩饰、伪装庭院环境中有碍观景的建筑物、构筑物。可以根据意愿预留位置栽种植物，进行绿化。当然，由于所用的材料毕竟不是自然山石，所以人造山石在神韵上还是不及真实的山体，同时使用年限较短，需要经常维护。

人造山石的整体形态端庄，下宽上窄，具有良好的稳固性，所处部位与结构完全根据需求来设计，可实现挡土墙、挡水墙、围栏、花坛等构筑物的功能

（a）全貌

缝隙与褶皱等细节部分用铲刀修饰而成，纹理与形体都能根据需求设计加工，表面喷涂真石漆，可获得良好的色彩与质感

（b）细节

人造山石

人造山石营造要点

（1）分清主次。虽然人造山石的风格、质地、色彩、纹理、脉络必须一致，但是山形、大小、高低必须有变化。

（2）疏密得当。通常人造山石主峰区域的树木布置要浓密繁盛，而配峰部分则要相对稀疏。

（3）讲究开合。在人造山石的艺术造型中，开是起势，合是收尾。立峰是开，坡脚是合；近山是开，远山是合。开合的交替出现，可以使假山体现出节奏韵律。

（4）露中有藏。人造山石要能展现出一个景外有景、景中生情的动人画面。

（5）空白处理。在表现湖光山色、海岛风光等题材时，空白处宜大，山角处理宜简洁；而在表现崇山峻岭、峡谷险滩等题材时，则空白处宜小些，山角的处理也宜复杂、多变。

3.4.2 人造山石设计

人造山石设计要综合考虑山的整体布局及其与环境的关系，以自然山水为蓝本。但是人造山石与自然山石相比，有过于死板、缺少生机的缺点，因此要多考虑绿化与泉水的配合，以补其不足。因为人造山石是用人工材料塑成的，难以完全表现自然山石本身的质地，所以宜远观不宜近赏。

采用聚苯乙烯板叠加黏合，用锉刀塑造出基础造型，再组合成型

先在组合后的模型表面覆盖玻璃纤维网，再用石膏粉塑造细节，最后形成较真实的山石纹理

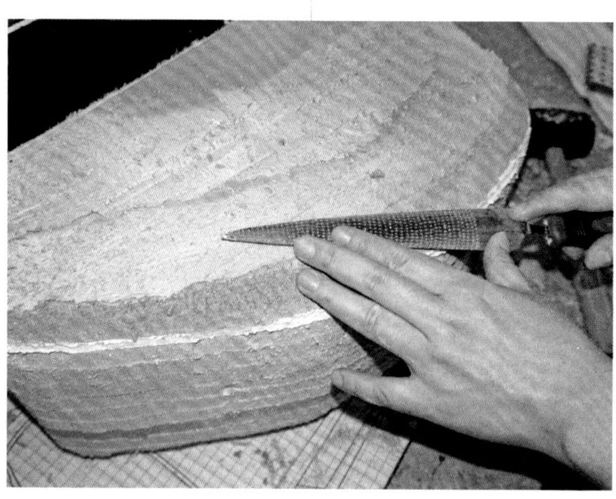

模型基础

模型塑造

人造山石如同雕塑一样，要按设计方案塑造好模型，使设计立意变为实物形象，以便进一步完善设计方案。模型常用石膏以 1 ： 50 ~ 1 ： 10 的比例制作，塑山模型一般要做两套，一套放在现场工作棚，一套按模型坐标分解成若干小块，作为施工临摹依据。要利用模型的横、纵坐标画出立面图，确定悬石部位，在悬石部位标明预留钢筋的位置及数量。

3.4.3 人造山石施工

施工过程

（1）砖骨架人造山石：采用砖砌构造制作人造山石雏形，再不断细化，模仿真实山石的形态。

根据设计要求在地面放线定位，并在相应位置插入钢筋，作为地面轮廓的标记

（a）放线定位

在地面开挖基坑，开挖深度为 400 mm 左右

（b）开挖土方

用打夯机夯实基坑底部

（c）夯实基坑

在基坑底部铺设粒径约为 30 mm 的碎石，碎石层厚 100 mm

（d）铺设碎石

采用 1 ： 2 水泥砂浆与轻质砖在碎石层上砌筑基础构造

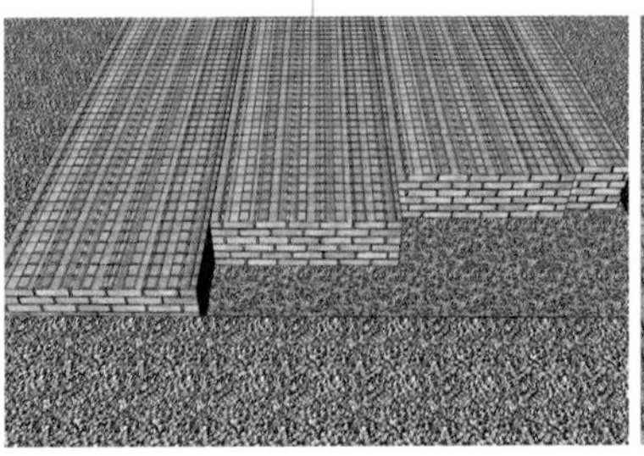

（e）砌筑基础

根据设计造型向中层逐步砌筑，形成人造山石雏形的轮廓

（f）砌筑中层

采用 1 ：2 水泥砂浆与轻质砖收顶

（g）砌筑顶层

在砌筑构造表面覆盖钢丝网

（h）外挂钢丝网

在钢丝网表面喷射 C20 混凝土

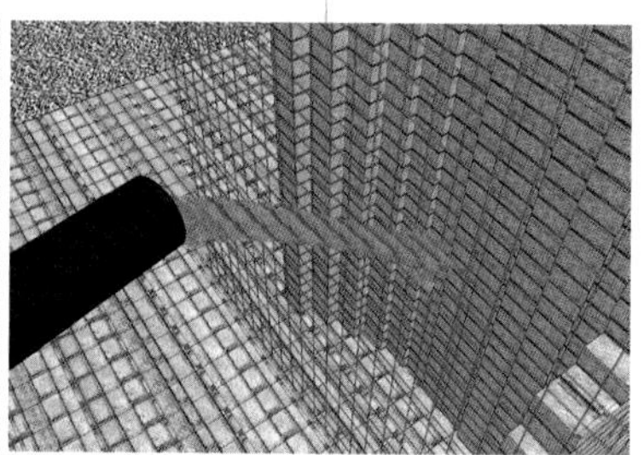

（i）喷射混凝土

用 1 ：1 白水泥砂浆在混凝土表面塑造山石造型

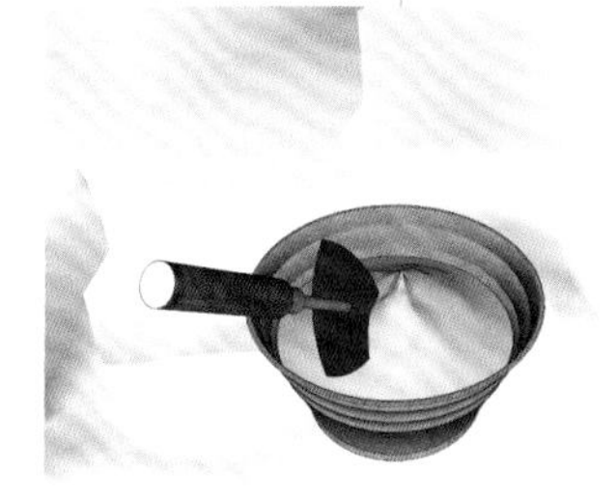

（j）用白水泥砂浆塑造造型

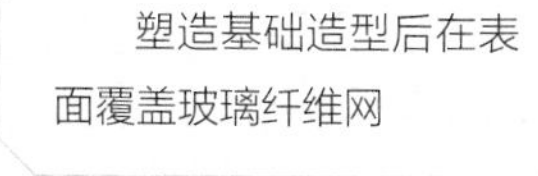

塑造基础造型后在表面覆盖玻璃纤维网

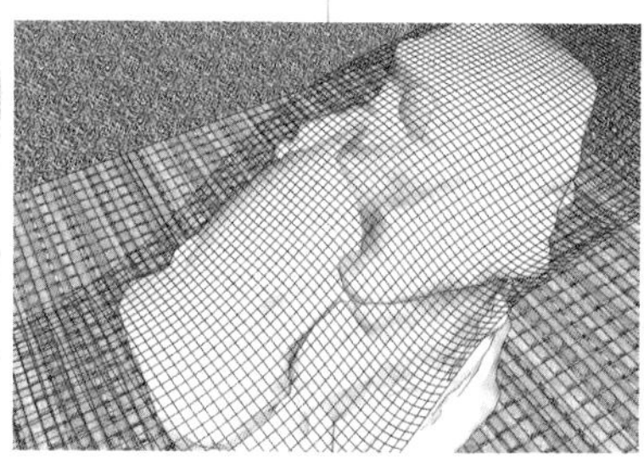

（k）覆盖玻璃纤维网

继续涂抹 1 ：1 白水泥砂浆，覆盖玻璃纤维网，干燥后用多种手动工具在表面塑造纹理皱褶

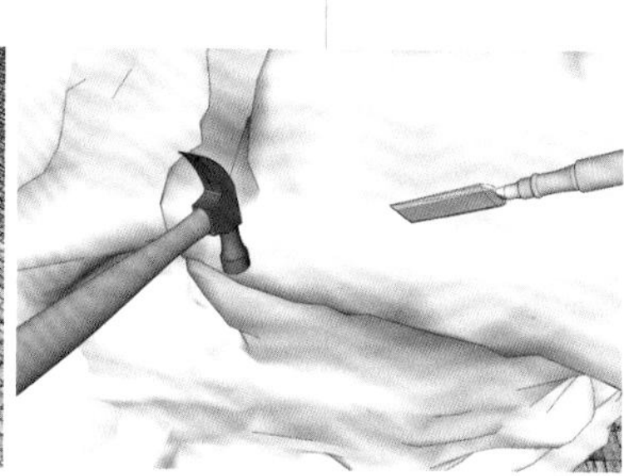

（l）精细塑造纹理皱褶

在表面喷涂真石漆，形成细密的凹凸肌理质感

（m）喷涂真石漆

调配彩色颜料，涂刷在山石表面，形成具有自然山石质感的效果

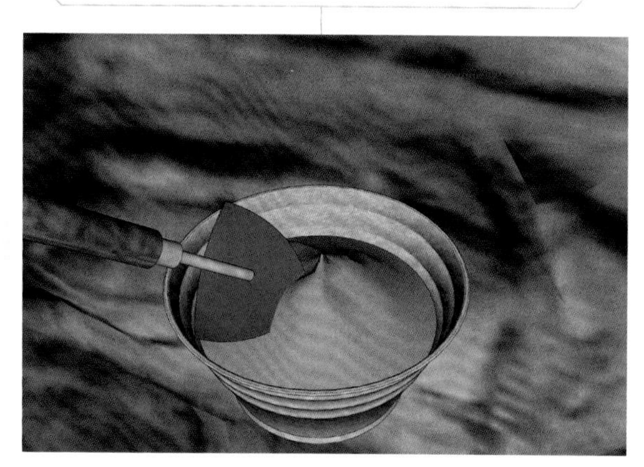

（n）修补填色

砖骨架人造山石施工

（2）钢骨架人造山石：采用型钢焊接框架，对框架基础逐层覆盖材料，最终形成人造山石。

根据设计要求在地面放线定位，并在相应位置插入钢筋，作为地面的轮廓标记，在地面开挖基坑，开挖深度为 400 mm 左右

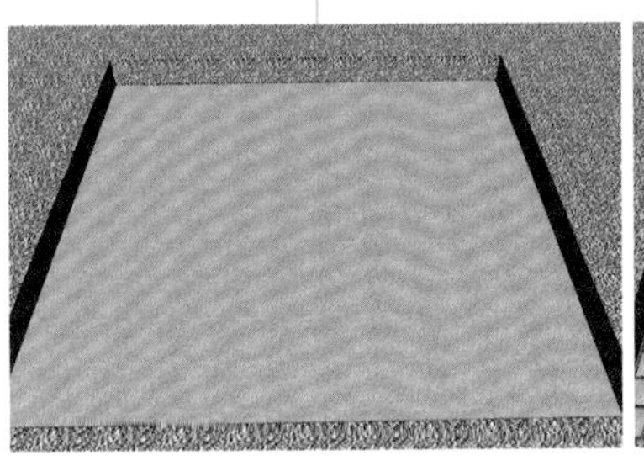

（a）制备坑底

在基坑中编制钢筋网架，选用 Φ12 mm 钢筋，网格宽度 150 mm 左右

（b）编制钢筋网架

在钢筋基础上焊接 120 槽钢，垂直高度超过基坑表面 300 mm

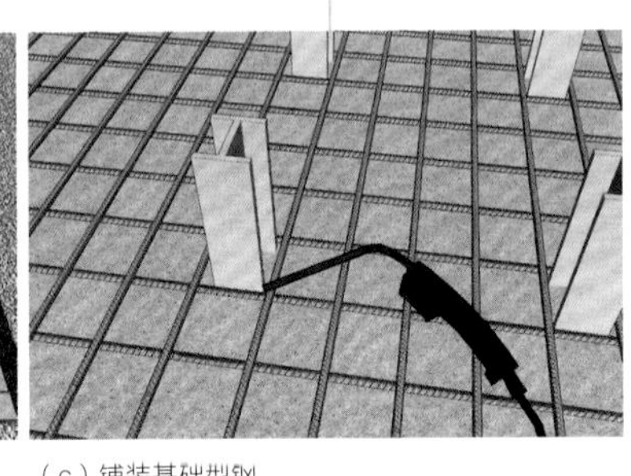

（c）铺装基础型钢

在基坑内浇筑 C20 混凝土

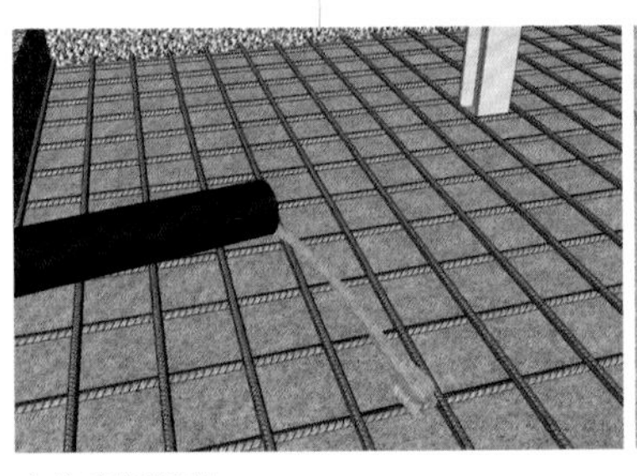

（d）浇筑混凝土

在延伸出地面的工字钢上继续焊接 120 槽钢，形成中层骨架

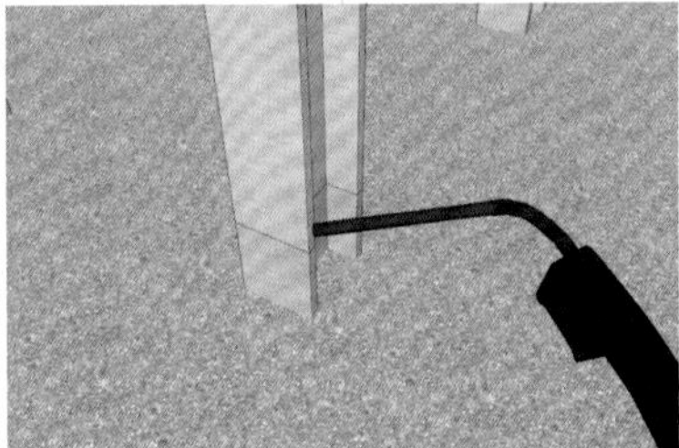

（e）焊接中高层框架

在中层骨架上继续焊接，形成具有一定锥形的钢架造型

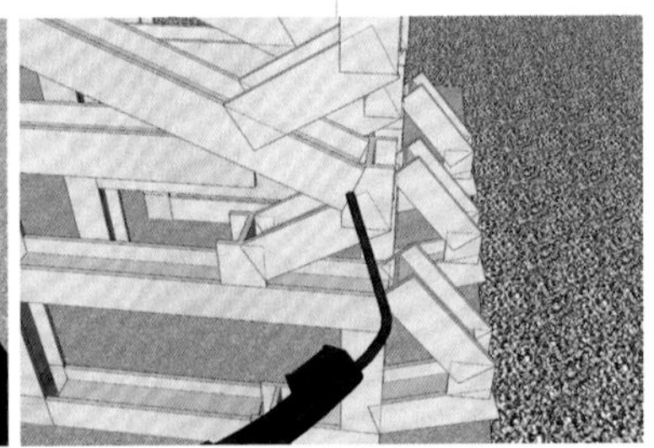

（f）焊接支撑构造

在钢结构骨架表面覆盖粗钢丝网

（g）外挂粗钢丝网

在粗钢丝网表面继续覆盖细钢丝网，粗细两层钢丝网之间有一定的缝隙

（h）外挂细钢丝网

在钢丝网表面喷射 C20 混凝土

（i）喷射混凝土

调配泥土砂浆，各成分占比为经过筛选过滤的黏土 40%、水泥 30%、河砂 30%，将泥土砂浆涂抹至混凝土表面

在泥土砂浆表面覆盖玻璃纤维网

继续涂抹 1 ： 1 白水泥砂浆，覆盖玻璃纤维网，干燥后用多种手动工具在表面塑造纹理皱褶

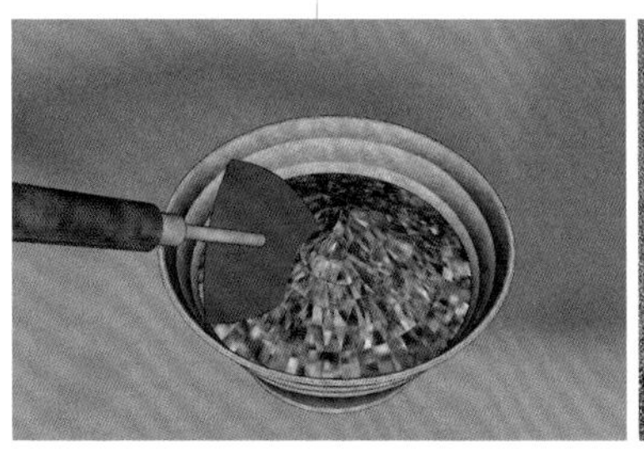

（j）调配泥土砂浆

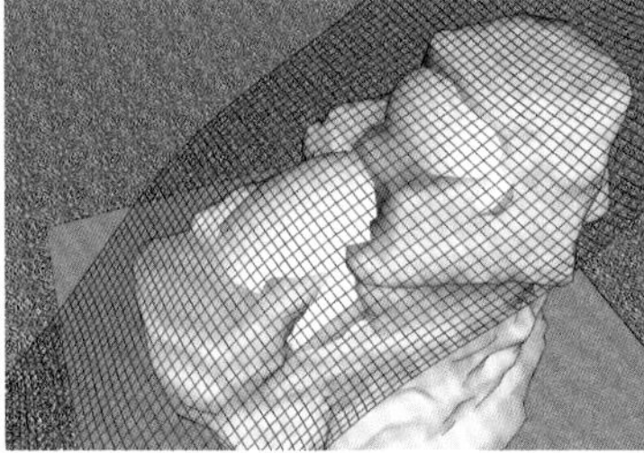

（k）覆盖玻璃纤维网

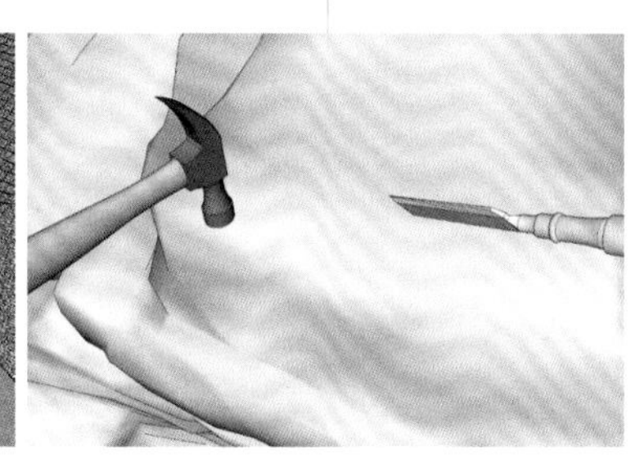

（l）精细塑造纹理皱褶

调配与设计要求相符的氟碳漆，在构筑物表面喷涂 3 遍

用调色氟碳漆在构筑物表面局部修补填色

（m）喷涂氟碳漆

（n）修补填色

钢骨架人造山石施工

2. 施工技术要点

（1）基架设置：对于山石上造型变化较大的部位，可结合钢架、钢筋混凝土做悬挑设计。要对山体飞瀑、流泉和预留的绿化洞穴的骨架结构做好防水处理。设置在地面的山石要有相应的地基处理，包括地梁和钢材梁、柱和支撑设计等，施工中应在主基架的基础上加大支撑框架的密度，使框架的外形尽可能接近设计的山体形状。

（2）泥底塑形：用水泥、黄泥、河砂配成可塑性较强的砂浆，在已砌好的骨架上塑形，反复加工，使造型、纹理、塑体和表面的刻画基本接近模型。水泥砂浆中可加麻丝纤维或玻璃纤维附加料，以增加表面抗拉的力量，减少裂缝。然后喷射混凝土做初步塑形，形成石纹、断层、洞穴、一线天等自然造型，从而塑造较大的峰峦起伏轮廓。如果为钢骨架，则可先覆盖不同孔径的钢丝网，再喷射混凝土，最后用泥土砂浆塑造山石皴纹造型。

（3）塑面：在塑体表面进一步细致地刻画石料的质感、色泽、纹理和表层特征。可采用真石漆或氟碳漆作为塑面涂料，按粗糙、平滑、拉毛等塑面手法处理喷涂。可以根据设计要求，对成品真石漆或氟碳漆调色，或在涂料施工完毕后对表面着色。调色配比可参考下表。

塑山色浆配比表

<table>
<tr><th>各色山石</th><th>白水泥</th><th>普通水泥</th><th>氧化铁黄</th><th>氧化铁红</th><th>硫酸钡</th><th>107 胶</th><th>黑墨汁</th></tr>
<tr><td>黄蜡石</td><td>100</td><td>—</td><td>5</td><td>0.5</td><td>—</td><td rowspan="4">适量</td><td rowspan="4">适量</td></tr>
<tr><td>红色山石</td><td>100</td><td>—</td><td>1</td><td>5</td><td>—</td></tr>
<tr><td>白色山石</td><td>100</td><td>—</td><td>—</td><td>—</td><td>5</td></tr>
<tr><td>通用山石</td><td>100</td><td>30</td><td>—</td><td>—</td><td>—</td></tr>
</table>

小贴士

真石漆

真石漆是一种水溶性复合涂料，由底漆、彩石砂、面漆组成。它的装饰效果酷似大理石和花岗岩，是主要由高分子聚合物、天然彩石砂及相关辅助剂混合而成的树脂乳液，其配方比例为纯丙乳液 30%、天然彩石砂 65%、 增稠剂 3%、增塑剂 1%、其他辅助剂 1%。

用真石漆装饰后的假山石，具有天然真实的肌理效果，给人以高雅、和谐、庄重之美。特别是对曲面造型进行装饰，可以达到生动逼真的效果。真石漆具有防火、防水、耐酸碱、耐污染、无毒、无味、黏结力强、永不褪色等特点，能有效地阻止外界恶劣环境对建筑物的侵蚀，延长假山石的使用寿命。由于真石漆具备良好的附着力和耐冻性能，所以特别适合在寒冷地区使用。

真石漆质地与原生态山石质地几乎相同，甚至可以用于真实山石表面改色，对成色不太好的自然山石重新喷涂，以达到审美要求

真石漆质地凹凸不平，色彩颗粒形态具有较强的真实感

真石漆色彩样式较多，可以根据设计需要选用。喷涂真石漆后，色彩效果具有均衡感

真石漆饰面人造山石

真石漆质地

真石漆色彩样式

3.4.4 新材料与新工艺

为了克服钢骨架、砖骨架塑造的山体存在的施工技术难度大、皴纹难以逼真、材料自重大、易产生裂纹和褪色等缺陷，可以考虑使用以下新材料与新工艺。

FRP 山石

FRP 即纤维增强复合材料，它是由不饱和聚酯树脂与玻璃纤维结合而成的复合材料，又称为玻璃钢。FRP 山石具有强度高、质量轻等优势，是现代庭院人造山石的主流材料。FRP 山石成型工艺有以下两种：

（1）层积法。利用树脂液、毡和数层玻璃纤维布，翻模制成。

（2）喷射法。利用压缩空气将树脂胶液、固化剂（交联剂、引发剂、促进剂）、短切玻璃纤维同时喷射于模具表面，沉积固化成型。

FRP 山石可用于成品模具制作，批量生产固定造型的庭院音箱外壳，成本会更低廉

FRP 山石庭院音箱

GRC 山石

GRC 即玻璃纤维增强水泥，它是将抗碱玻璃纤维加入低碱水泥砂浆中硬化后产生的高强度的复合物。这种山石可使用机械化生产制造假山石元件，使其具有重量轻、强度高、抗老化、耐水、易于工厂批量生产、成本低以及施工方法简便、快捷等特点，是目前理想的人造山石材料。

GRC 山石适用于水池景观，具有较强的耐水性，强度也很高，还能制作岸边桌凳，让庭院构筑物实现一体化效果

GRC 山石

3. CFRC 山石

CFRC 即碳纤维增强混凝土，是将碳纤维搅拌在水泥中制成的混凝土，CFRC 山石就是用这种混凝土制成的。CFRC 山石与 GRC 山石相比，其抗盐侵蚀能力、抗水性、抗光照能力等方面均明显优于 GRC 山石，并具有抗高温、抗冻融等优点，因此能长期保持强度。CFRC 山石可用于构筑庭院自然环境中的护岸、护坡，由于其具有可塑性，所以更适合用于庭院山石造景，塑造彩色路石、浮雕等各种构筑物。

CFRC 山石是通过模具制作的，模具最初由泥坯塑造，根据设计需求在泥坯上雕塑出各种丰富造型，再用玻璃钢材料制作模具，拆模后在模具中放置钢筋骨架，浇筑 CFRC，最后脱模成形

（a）全貌

顶部光洁，有突出的造型，体现高耸的形态

（b）顶部

山石中部造型丰富，有明显沟壑并有细微山石纹理

（c）中部

山石底部用水泥砂浆固定在基础上

（d）底部

细节纹理中有刀铲修饰的凹槽痕迹，也能看出与外突模具结合的痕迹

（e）纹理

CFRC 山石

下面介绍 CFRC 山石施工方法。

根据造型需求裁切 Φ8 mm 钢筋

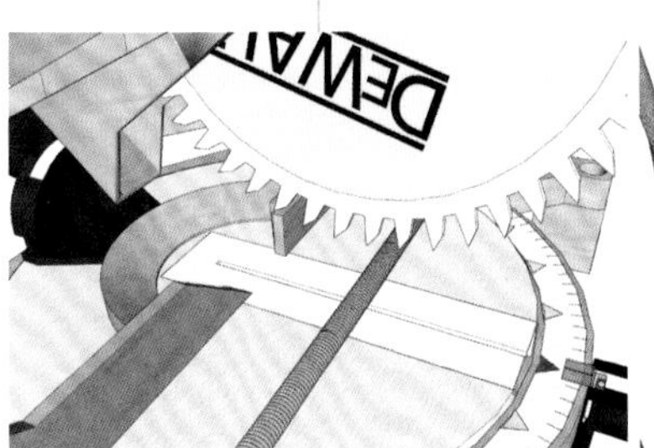

（a）裁切钢筋

中央主要骨架采用 Φ32 mm 钢管，将其与 Φ8 mm 钢筋焊接成型

（b）焊接钢筋骨架

在焊接成型的构造表面覆盖窄钢丝网

（c）覆盖窄钢丝网

调配黏土，各成分占比为经过筛选过滤的黏土 70%、河砂 20%、石膏粉 10%，将其涂抹至窄钢丝网表面

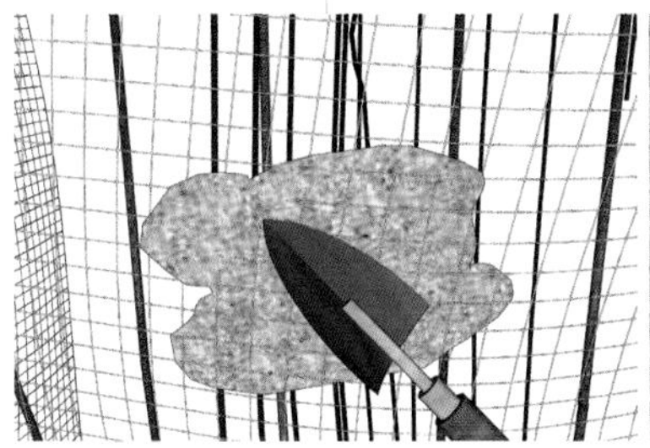

（d）涂抹黏土

用刮刀塑造沟壑造型

（e）塑造成型

继续用多种工具修饰细节

（f）修饰细节

将雕饰完成的坯体在日光下晒 3 天左右，让其完全干透

（g）晒干

将干透的坯体放置在烤箱中或烤炉中进行烘烤

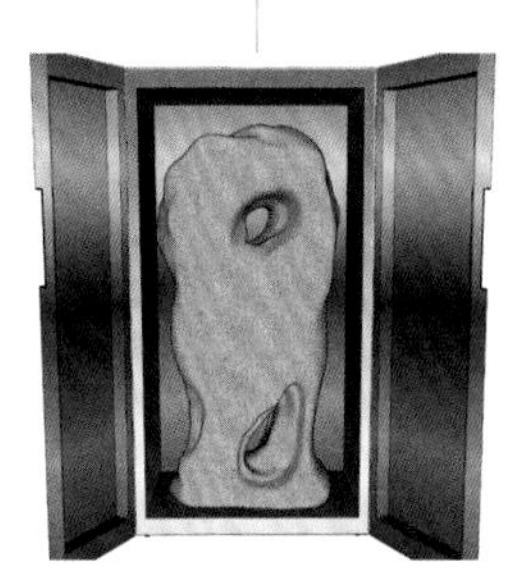

（h）高温烘烤

取出后在坯体表面喷涂 FRP，形成厚 20 mm 左右的表膜

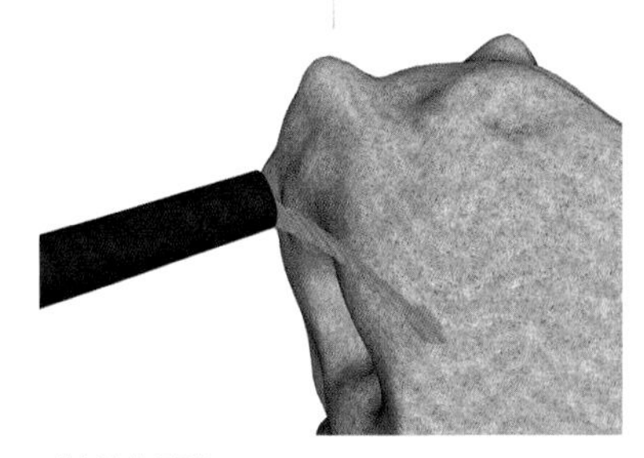

（i）涂抹 FRP

用切割机将表膜形成的模具切割开，取出其中的坯体

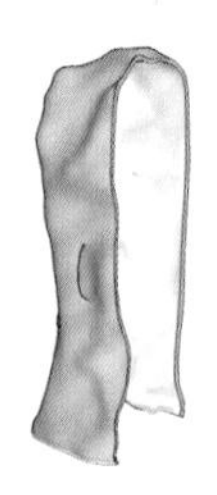

（j）开模

根据形体大小继续切割分解模具，分解缝隙间距为600 ~ 800 mm

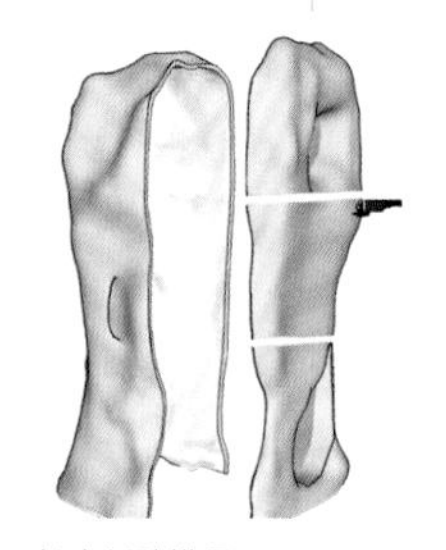

（k）拆除模具

重新制作钢筋骨架，材料规格与工艺同初始坯体，外部覆盖模具

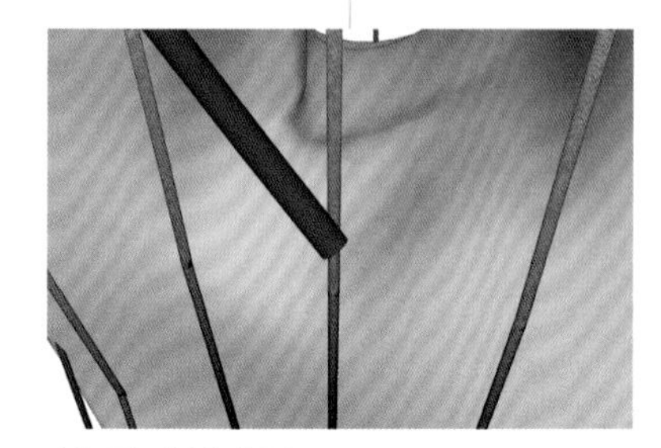

（l）重新制作钢筋骨架

在模具表面包裹粗钢丝网将模具固定，可增加钢筋包裹，强化固定

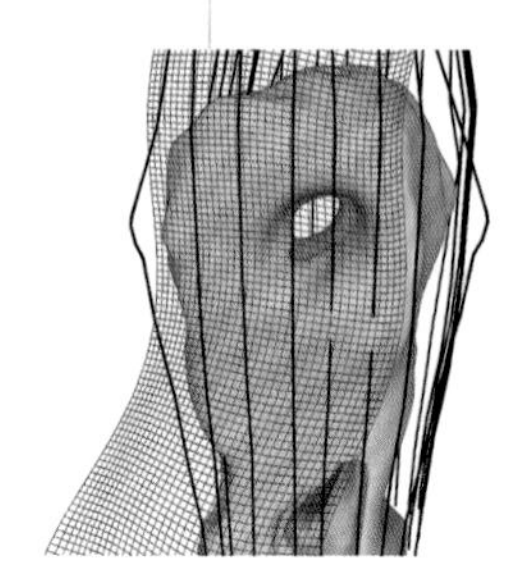

（m）模具表面包裹粗钢丝网

在固定模具表面加装钢管骨架外框，钢管规格为 Φ60 mm，进一步固定模具，让其保持垂直平稳状态

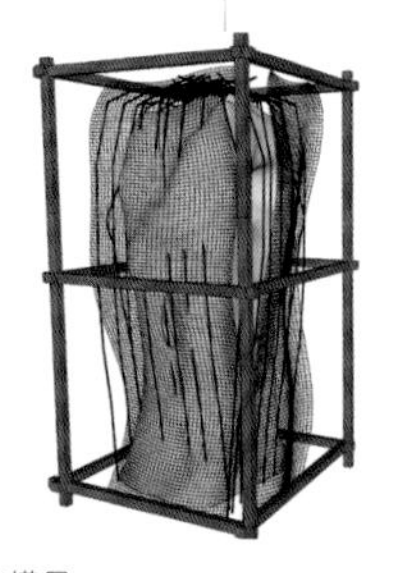

（n）固定模具

在模具上方钻孔，并浇筑 CFRC

（o）浇筑 CFRC

待完全干燥后脱模，采用基础工具修饰成型

（p）修饰成型

钢骨架人造山石施工

4 置石与山石器具

庭院置石

▲ 庭院中的山石除了用于配景外，有些还具有使用功能，如石桌、石凳等，特置的山石则具有观赏功能。

本章导读

置石是用石材或仿石材材料布置成自然露岩景观的庭院造景手法。置石可以结合挡土墙、护坡和种植床、器物等实用功能来点缀庭院空间。置石的特点是以少胜多，以简胜繁，用简单的形式，体现较深的意境。置石设于草坪、路旁，以石代替桌凳供人使用，既自然又美观；设于水际，别有情趣。旱山造景而立置石，镌之以文人墨迹，可增添庭院意境；台地草坪置石，既可指引方向，又能保护绿地。

4.1 置石

置石需综合考虑山石特性与庭院环境，以山石为材料做独立性或附属性的造景布置，主要表现山石的个体美或局部的组合而不具备完整的山形。假山的体量大且集中，可观可游，使人有置身于自然山林之感。而置石主要以观赏为主，结合一些使用功能，体量较小而分散。置石可分为特置、对置、散置和群置等多种方式。

在庭院边缘的置石，具有地标功能。将石料垒砌到一定的高度，具有标识意义，提示人行走的道路达到了尽头，应当返回

庭院边缘的置石

在庭院植栽区中散置一些石头，与旱地植物相搭配，让石头成为植物的衬托，对单调的地面进行丰富处理，提升庭院的视觉审美价值

置石与植栽

在植栽区与道路边缘散置石头，能提升庭院空间的自然理念。这里的置石既可以挡土，保持通行区的整洁，又能限制植物向外蔓延

庭院中散落的置石

4.1.1 特置

特置即用一块巧夺天工的山石来造景，也有将两块或多块石头拼接在一起，形成一个完整的个体。特置石又称为孤赏石，特置石的自然依据是自然界中的单体巨石。

特置石应选择体量大、造型轮廓突出、色彩纹理奇特、颇具动势的山石，一般置于相对封闭的空间内，使其成为局部构图的中心。石高与观赏距离的比例一般在 1 ∶ 2 ~ 1 ∶ 3。例如，石高 3 ~ 6 m，观赏距离则在 8 ~ 18 m，在这个距离内才能较好地品味石的形态、质感、线条、纹理等。为了使视线集中、造景突出，可以使用框景等造景手法，或立石于空间各条视线的焦点上，或让石后有背景衬托。

将多个山石组合起来，形成较高耸的独立个体，具有“积极向上”的寓意。由于多块石料间用水泥砌筑连接，底座的水泥痕迹较明显，所以在特置石前方多种植铁树等枝叶呈发散形状的植物，来遮挡水泥痕迹

组合特置石

特置石常在庭院中用作入门的障景和对景，或放置在视线集中的廊、天井中间，漏窗后面及水边、路口或园路转折的地方。特置石也可以和壁山、花台、岛屿、驳岸等元素结合，现代庭院中的特置石多结合花台、水池或草坪、花架来布置，古典庭院中的特置石常镌刻题咏和名称。

在庭院边角的空余部位放置形体较小的特置石，用于填充空间，提升庭院空间的趣味性

在特定庭院区域放置特置石，用于标识区域名称与特定功能，山石应当至少有一处平整垂直的表面，用于雕刻文字

装饰特置石

标志特置石

将具有瘦、漏、皱、透造型的特置石放在庭院的特定区域，具有标识方位的功能。这类山石多放置在庭院纵向中心轴的南方或北方

在较大庭院中，设计水景与岛屿。可在岛屿上制作特置石，标识岛屿的地域特征，让山石成为岛屿的核心设计元素。由于山石材料运输到岛上会有一定的困难，所以可采用人造山石工艺来制作

方位特置石

地域特置石

特置石在工程结构方面要稳定和耐久。这就要求掌握山石的重心线，使山石本身保持重心的平衡。特置石布置的要点是相石立意，山石体量要与环境相协调，以前置框景和背景作为衬托，同时利用植物或采取其他办法弥补山石的缺陷。

小贴士

置石布置要点

置石贵在似与不似之间，不必刻意去追求外形，意态神韵更能吸引人的目光。不论地面置石还是水中置石都应力求平衡稳定，石材底部埋入土中或水中要像是从其中生长出来一样，给人以稳定、自然之感。置石应在人的视线焦点处放置，不宜居于庭院中心，宜偏于一侧，这样就不会使后来的造景形成对称、严肃的排列组合。

设计时要进行多方案比较，施工前后可用各种方法进行模型比较，确定最佳方案和最佳观赏面，减少返工次数。

对独立的特置石进行安装施工时，可以打破常规，采取更简单、更直接的固定方式，可既保证山石垂直竖立，形成高耸的姿态，又保证基础稳固，同时降低施工成本，提高施工效率。下面介绍一种简约高效的特置石施工方法。

选中外形精美的山石，放置在空地上，进行测量，得出长、宽、高、周长等数据

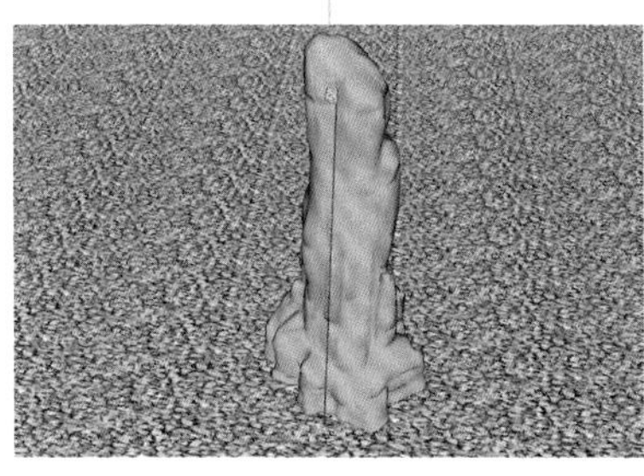

（a）选石测量

在山石底部钻孔。先用电锤钻出 Φ12 mm 单孔，再在单孔周边钻出多个孔，凿出 Φ120 mm、深 300 mm 的大孔

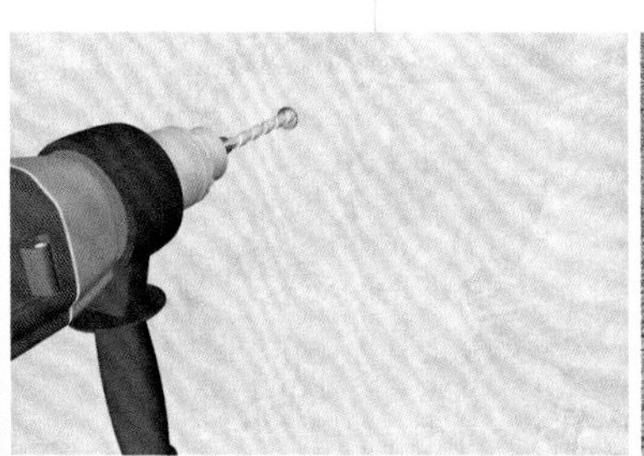

（b）石底钻孔

用电锤在地面钻 Φ150 mm 孔洞，深度为 500 mm

（c）在地面钻孔

用木桩和锤子夯实孔洞底部

（d）夯实孔底

在孔洞底部铺设粒径 30 mm 的碎石，碎石层厚 50 mm

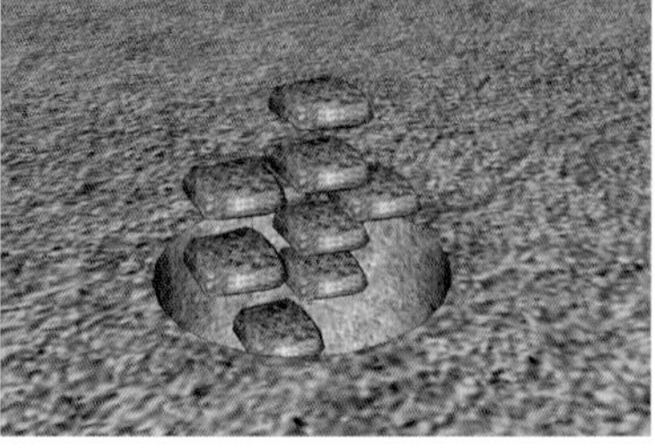

（e）铺设碎石

在地面孔洞中预埋 Φ12 mm 钢筋，使用 6 ~ 8 根钢筋环绕一圈，并用细铁丝绑扎，钢筋高出地面 200 mm

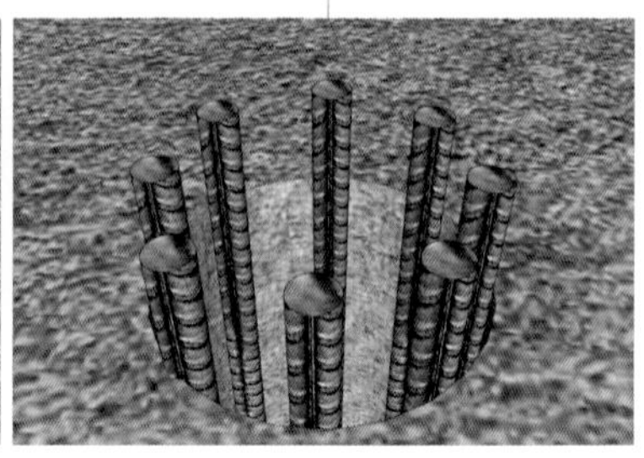

（f）预埋钢筋

在孔洞内浇筑 C20 混凝土

（g）浇筑混凝土

浇筑至孔洞口，并插入一根 Φ25 mm 钢管，钢管高出地面 300 mm

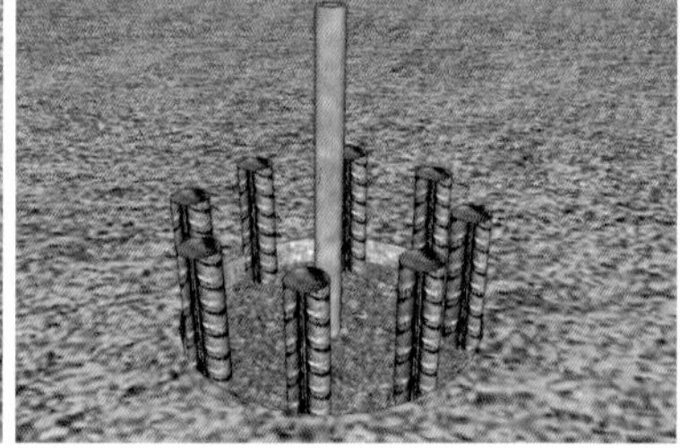

（h）预埋钢管

在突出于地面的钢筋、钢管上涂抹石材黏结剂

（i）待干涂胶

将山石吊装至地面钢筋上，钢筋对正山石孔洞位置，插入其中放置平稳。如果底座面积较大，则可根据实际情况制作多个孔位安装

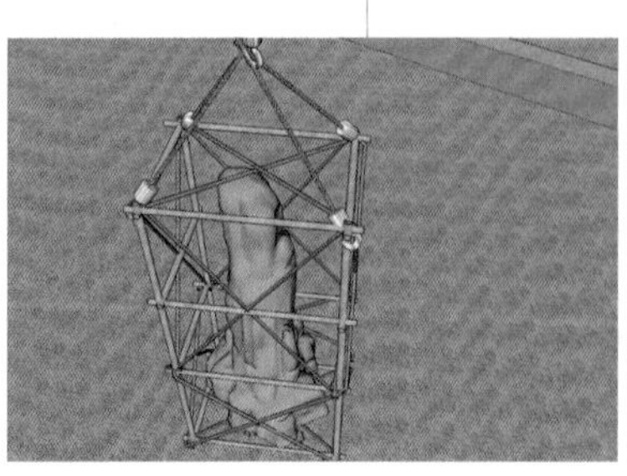

（j）吊装到位

用 1 ： 1 水泥砂浆对山石底部的缝隙填涂加固

（k）用水泥砂浆加固

特置石安装施工

4.1.2 对置

对置是两块山石为一组，相互呼应的置石手法，两石常立丁建筑人门两侧或庭院出入口两侧。在建筑物前或建筑中轴线两侧做对称布置的山石，可衬托环境、丰富景色，对置的山石在数量、体量以及形态上无须完全对等，可立可卧，可坐可偃，可仰可俯，只求构图上的均衡和形态上的呼应，这样既给人以稳定感，又有情感的渲染。

对置石

对置石多位于庭院道路两侧，与特置石的区别是特置石独立成景，而对置石则对称成景。对置要求两山石姿态不俗，或体量、形态均相似，或大小、姿态呼应顾盼，共同构成一幅完整的画面

错位对置山石

在庭院台阶或步道途中，利用有限的步行空间布置山石，多选用表面较光洁或经过凿磨的山石，将山石置入土层中，露出局部，在道路左右侧形成交错状，成为通行过程中的“绊脚石”。尤其是在可攀爬的台阶步道中经常使用，表意为途径坎坷与艰险，具有一定的哲学思想，耐人寻味

4.1.3 散置

散置即用少数几块大小不等的山石，按照艺术美的规则搭配组合，或置于门侧、廊间、粉壁前，或置于坡脚、池中、岛上，或与其他景物组合造景，创造出多种不同的景观。散置石的布置讲究置陈、布势，山石虽星罗棋布，但气脉贯穿，具有韵律美。

散置对石材的要求比特置低一些，散置山石可以独立成景，也可以与山水、建筑、树木连成一体。散置石往往设于人们必经之地或处于人们的主视野之中。散置的布局要点是造景的目的明确、格局严谨、有聚有散、主次分明、高低曲折。

散置石蛋

将外表光洁的圆形石料零散放在有植被的地面，表现出随意、闲逸的氛围，石蛋可以随意滚动，随时移动位置，组合成不同的图形或记号，使得庭院整体体现互动性

散置太湖石

虽然原生太湖石较昂贵，但是品相不佳的太湖石很廉价，可以将这些石料中形态丰富的面朝阳光散置

4.1.4 群置

将几块山石成组排列，作为一个群体来表现，或者使用多块山石互相搭配布置，这类方法称为群置，也称为聚点、大散点。群置要求石块大小不等、主从分明、层次清晰、疏密有致、虚实相间、前后呼应、高低有别，主要强调一个“活”字，切忌排列成行或左右对称。群置可以有一个主题，也可以没有主题，仅起到点缀、护坡或增加庭院视觉重量的作用。

将山石组合起来，有一定的聚散对比，形成岛屿状，在视觉上有较明显的标识性，让单调的草坪显得有内涵

群置组合

将外形圆滑的石料均匀堆置在路边，搭配零散的鹅卵石，让群置区域内显得充实饱满

群置均衡

特色置石

庭院中的廊是为了实现空间的变化，使人从不同角度观赏景物。在廊与墙之间会形成一些大小不一、形体各异的小天井空隙地，这是可以发挥山石填补空间这一优势的地方，即使在很小的空间里也能有层次和深度的变化。同时可以引导行人按序列参观，并丰富沿途的景色，使建筑空间小中见大、活泼无拘。

粉壁置石也称为壁山，是以粉墙作为背景，用太湖石或黄石等其他石种叠置的小品布置，这是嵌壁石山中的一种特置形式。粉壁置石一般要求背景简洁，置石要掌握好重心。不可依靠墙壁，同时要注意山石排水，避免墙角积水。

在廊旁放置山石，给人带来因地制宜的视觉效果，让自然山石与人工建筑形成巧妙的结合。人在廊中，尤其是在有高低起伏的地势变化的地方行走时，所看到的山石景色也会变得更加丰富

可将中小型山石挂置在墙面上。在墙面上预先安装膨胀螺栓与挂件，将山石背后打磨平整并安装金属挂件，即可获得良好的贴合效果

廊旁置石

粉壁置石

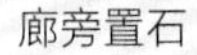

4.2 山石器具

用少量的山石在合适的位置装点庭院，仿佛把庭院建在自然的山岩上，可以适当运用局部夸张的手法用山石表现大山之一隅。使用山石器具可以减少人工氛围，增添自然气息，常见的形式有以下几种。

4.2.1 山石家具

在面积适宜的住宅庭院中，常以石材做石桌、石几、石凳等，其中山石桌凳使用得最多。这些山石家具不但有实用价值，而且与造景密切结合，尤其是在地形起伏的自然地段，很容易和周围的环境取得协调，耐久性强，无须搬进搬出，也不怕日晒雨淋。

山石桌凳宜布置在树下、林地边缘。选材上应与环境中其他石材相协调，外形上接近平板状或方墩状，有一面稍平即可，尺寸上应比一般家具的尺寸大一些，使之与室外环境相称。山石桌凳虽有桌、几、凳之分，但在布置上不能按一般的木制家具那样对称安排。

用雕刻机在花岗岩家具表面雕刻图案，形成具有装饰效果的桌凳

有装饰的山石桌凳

简约造型的桌凳全部为一次性机械加工，从雏形到表面打磨一次性完成，成本低廉，是常规的庭院家具首选

简约山石桌凳

采用混凝土铸模成型，内部穿插钢筋，模具表面平整。铸造成型后，对桌面进行打磨抛光，实现其使用功能

黄蜡石形态大多方正，从中挑选出具有平整表面的石料，对其平整面进行打磨，满足桌台使用功能

人造山石桌台

黄蜡石加工的桌台

单体山石用于制作家具较简单，仅对山石进行整形、打磨、抛光即可，安装时需要注意基础底面的平整度。较复杂的山石家具为砌筑构筑物，采用山石砌筑成型，形态与功能都能满足庭院生活需求。下面介绍一种山石烧烤台的施工方法，供参考。

山石烧烤台是庭院中常见的具有一定功能的山石器具，可满足取暖、烧烤等多种需求，还可以铺上石板当作桌台使用。采用山石砌筑时要保证其造型完整端庄，外部形体规整

山石烧烤台

用激光水平仪在地面放线定位，将钢筋插入地面作为标记

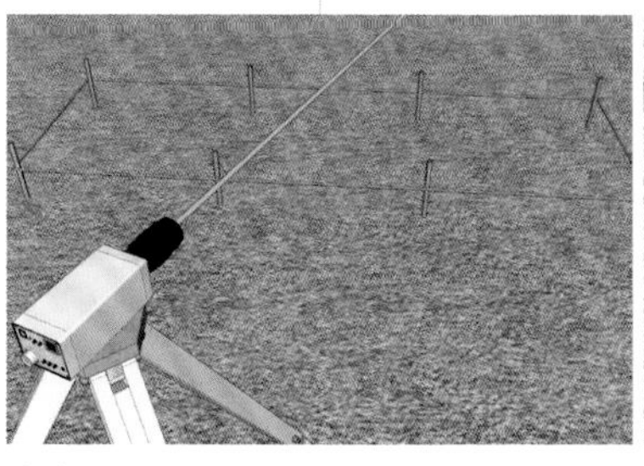

（a）放线定位

在地面开挖土层，开挖深度为 200 mm 左右

（b）开挖土层

用打夯机夯实基坑底部

（c）夯实基坑

在基坑底部铺设粒径为 30 mm 的碎石，碎石层厚 50 mm

（d）铺装碎石

选择形态相对规整的石料摆放在地面上

（e）选择石料

对石料进行修凿，形成方正的造型

（f）修凿加工

在基坑碎石层地面基础上，用 1 ：2 水泥砂浆砌筑山石，直至山石高于地面，形成围合烧烤台的形态

（g）围合砌筑

在烧烤台围台形体的底部，高于地面的部位预留孔洞，可在山石中开凿孔洞，或在砌筑时预留孔洞，形成通风孔

（h）底部预留洞口

在烧烤台中上部砌筑矩形通风口，宽 500 mm，高 150 mm，上部用较长石料支撑并实现跨越

（i）内壁构造

在烧烤台上表面的山石基础上，焊接安装金属格栅架

（j）焊接格栅架

在金属格栅架上砌筑最后一层山石作为台面，台面要压住金属格栅架

（k）砌筑台面

在山石缝隙处用 1 ：1 水泥砂浆修饰整形

（l）修饰缝隙

山石烧烤台施工

4.2.2 山石花台

布置山石花台的要领和山石驳岸有共通之处，不同的是山石花台是从外向内包，山石驳岸则多是从内向外包。山石花台在江南庭院中被广泛运用，主要原因是山石花台的形体可随机应变，小可占角，大可成山，特别适合与壁山结合，并随心变化尺度。

山石花台在水景与坡地为主导的庭院中，形态自由，将山石与坡地、驳岸、道路连为一体

驳岸与坡地花台

运用山石花台组织庭院中的游览线路，花台间的铺装地面是自然形成的路面，于是形成自然式道路。江南一带多雨，地下水位高，用花台提高种植地面的高度，既相对降低了地下水位，为植物的生长创造了合适的生态条件，又可以将花卉提高到合适高度，有利于赏花。山石花台的造型强调自然、生动，为达到这一目标，在设计施工时，应考虑以下几点。

1. 花台的平面轮廓

花台的平面轮廓应有曲折变化；要有兼具大弯和小弯的凹凸面，弯的深浅和间距要不同；应避免有小弯无大弯、有大弯无小弯或变化节奏单调的平面布局。

2. 花台的立面轮廓

花台上的山石与平面还应有高低的变化，切忌把花台做成平整状。高低变化要有比较强烈的对比才有显著的效果，一般是结合立峰来处理，但又要避免用体量过大的山峰堵塞院内的中心位置。花台除了边缘，中间也可少量地点缀一些山石，边缘外面亦可埋置一些山石，使花台有更加自然的变化。

3. 花台的断面和细部变化

花台的断面轮廓既有直立，又有斜坡和上伸下收等不同的变化。这些细部很难用平面图或立面图说明，必须因势延展，就石应变，其中很重要的是虚实的变化、明暗的变化、层次的变化和藏露的变化。具体做法就是使花台的边缘或上伸下缩，或下断上连，或旁断中连，化单面体为多面体，模拟自然界由于地层下陷、山石崩落沿坡滚下成围、落石浅露等形成的自然种植池的景观。

下面介绍一种庭院山石花台的施工方法。

山石花台

用形态类似的黄蜡石砌筑花石，虽然具有良好的效果，但要处理好石料之间的缝隙，应当填充形体较小的石料，避免出现较大的缝隙

用激光水平仪在地面放线定位，将钢筋插入地面作为标记

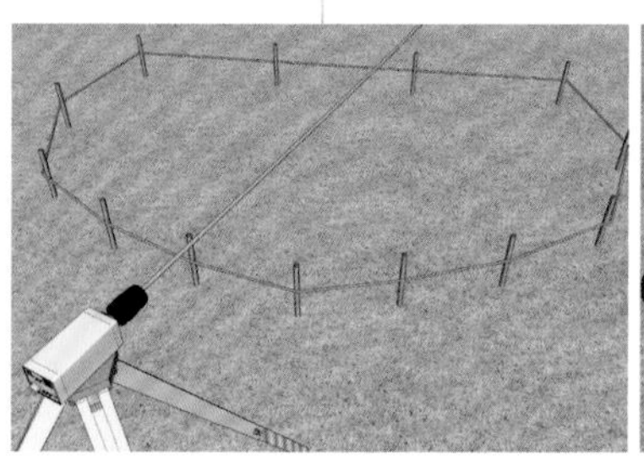

（a）放线定位

在地面开挖土层，开挖深度为 250 mm 左右

（b）地面挖坑槽

用打夯机夯实基坑底部

（c）夯实基坑

在基坑底部铺设粒径为 30 mm 的碎石，碎石层厚 50 mm

（d）铺设碎石

选择形态相对规整的石料摆放在地面上

（e）选择石料

对石料进行修凿，形成相对规整的造型

（f）修凿加工

用 1 ： 2 水泥砂浆砌筑围合山石，并在基坑内铺装修凿后的不规则石料，铺装厚度为 200 mm

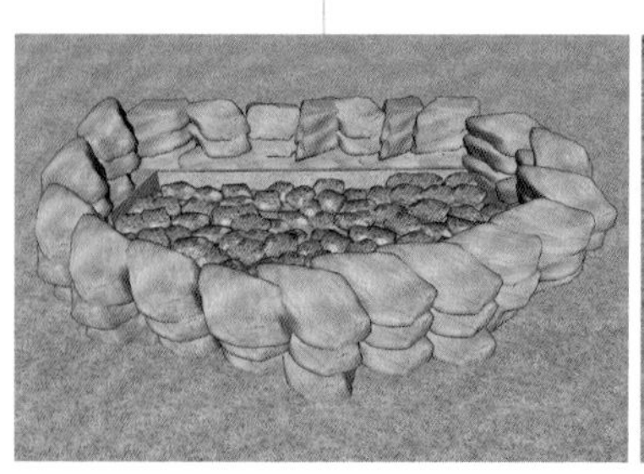

（g）围合砌筑

对多余的石料进行选料加工，切割成所需要的造型

（h）选石修切

用 1 ： 2 水泥砂浆，将形体较小的石料嵌入围合的山石缝隙处

（i）填塞缝隙

在花台内摆放一圈花盆，观察绿植对山石的遮挡状况

对没有被遮挡且裸露出来的缝隙进行修饰，直至达到较完美的视觉效果

在花台内填充种植土并栽植多种灌木

（j）嵌入花盆

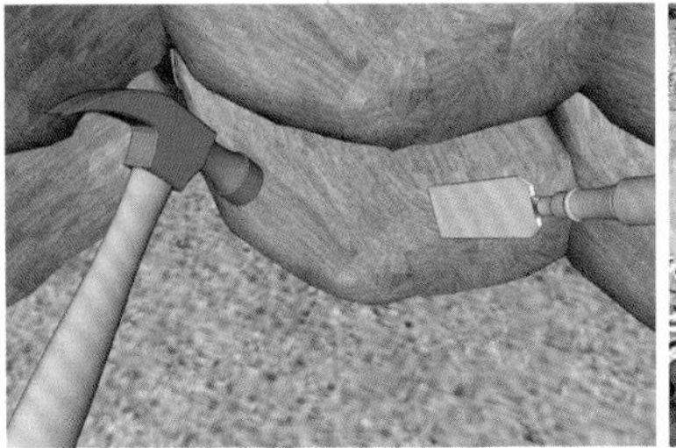

（k）修饰缝隙

（l）置入种植土

山石花台施工

4.2.3 山石台阶

庭院建筑从室内到室外常有一定的高差，一般是通过规整或自然的山石台阶取得上下衔接。山石台阶通常有助于处理从人工建筑到自然环境之间的过渡问题。台阶用石选择扁平状，并以不等边三角形、多边形间砌，会更加自然。每级台阶的高度控制在 100 ~ 300 m，一组台阶中每级台阶的高度可不同。石级断面要上挑下收，用小块山石拼合的台阶，拼缝要上下交错，以上石压下缝。

加工花岗岩石料，形成规整的几何形体，并倒角切割拼接成型，在功能与形式上均做到尽善尽美。这道工序对地面基础要求较高，需要预先对地面进行平整化处理并进行夯实

挑选平整度相对较好的天然石料，将踏面进一步加工平整，放置在建筑与庭院间有高差处，底部用碎石铺垫平稳

加工石料台阶

天然石料台阶

用卵石镶嵌装饰台阶，施工方法与用卵石铺设地面相同。台阶基础仍需要预先夯实，铺设碎石与水泥砂浆，形成坚固的基础后才能做饰面施工

对预制石板进行裁切，满足铺设要求。地面基础要夯实，同时对台阶的平整度要求较高，需要用水平仪多次校核后再施工

卵石镶嵌台阶

石板台阶

用激光水平仪在地面放线定位，将钢筋插入地面作为标记

在地面开挖土层，开挖深度为 250 mm 左右

用打夯机夯实基坑底部

（a）放线定位

（b）开挖坑槽

（c）夯实基坑

在基坑底部铺设粒径为 30 mm 的碎石，碎石层厚 50 mm

对石料进行测量并裁切，以获得相对规整的造型

调配 1 ： 2 水泥砂浆，并掺入 5%的纤维增强水泥砂浆韧性

（d）铺设碎石

（e）测量并裁切石料

（f）调配水泥砂浆

用调配好的水泥砂浆砌筑整形后的山石，形成台阶蹲配

在蹲配中央填充碎石或砖块，在表面砌筑整形后的山石

在山石缝隙处用 1 ∶ 1 水泥砂浆修饰整形

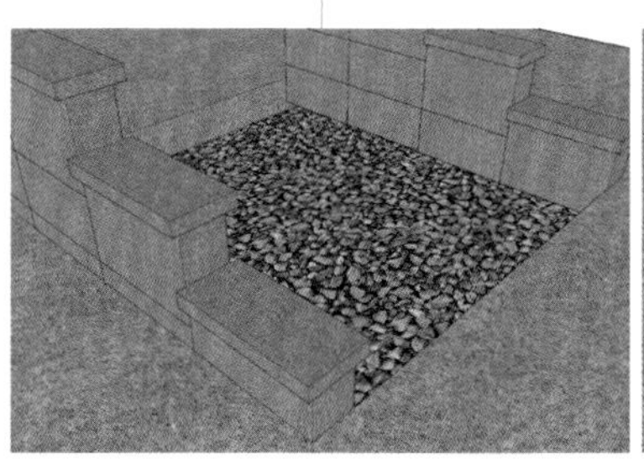

（g）砌筑蹲配

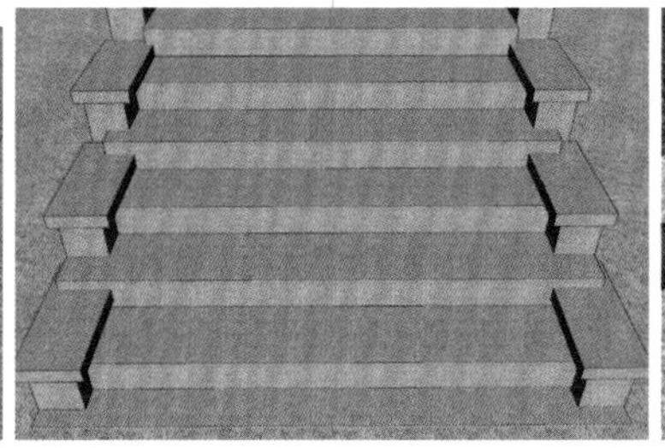

（h）砌筑台阶

（i）修饰缝隙

石板台阶施工

以山石构筑的庭院中的台阶，常被称为云梯，既不占用室内建筑面积，又可作为自然山石景观。如果只能在功能上作为阶梯而不能成景，则不是上品。砌筑云梯最容易犯的毛病是山石阶梯暴露无遗，与周围的景物缺乏联系和呼应。做得好的云梯往往是组合丰富、变化自如的。

道路阶梯主要用于庭院中的主流通空间，通常为通向主体建筑的主干道且具有坡度。阶梯要具有防滑功能，在潮湿的雨季，表面平整且具有轻微凹凸造型的山石会具有一定的防滑功能

道路阶梯

在土山上用山石砌筑台阶较容易，即先将基础夯实，再直接用水泥砂浆铺设山石。山石交错排列，在较大的缝隙处填充较小的山石即可

人造山石构筑物中的阶梯仍然采用天然山石砌筑，先将天然山石加工平整，再将其嵌入混凝土制作的人造山石中，天然山石的耐磨损性要高于常规 C30 混凝土

土山阶梯

人造山石构筑物中的阶梯

还有一种山石台阶是用较大的卵石砌筑成的，下面就为大家介绍这种庭院台阶的施工方法。

卵石的形态、大小并不相同，需要预先对这些卵石进行深度加工，保留平整且稍圆润的一面，对其他面进行切割修整，最后砌筑成型。可充分利用切割后废弃的石料，将其用于基础或缝隙填充

卵石阶梯

用激光水平仪在地面放线定位，将钢筋插入地面作为标记

在地面开挖土层，开挖深度为 300 mm 左右

用 1 ： 2 水泥砂浆砌筑围合构造山石

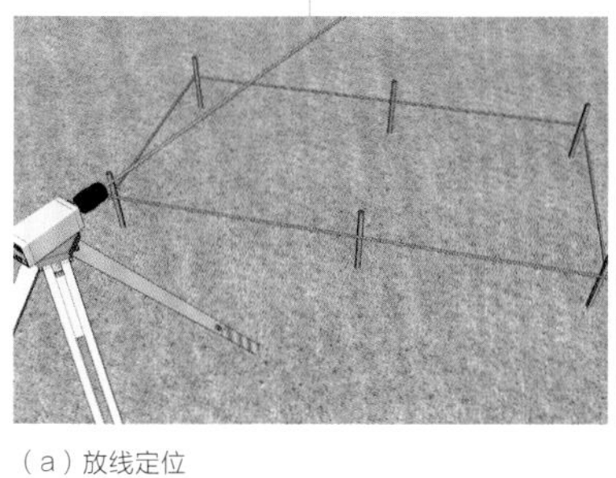

（a）放线定位

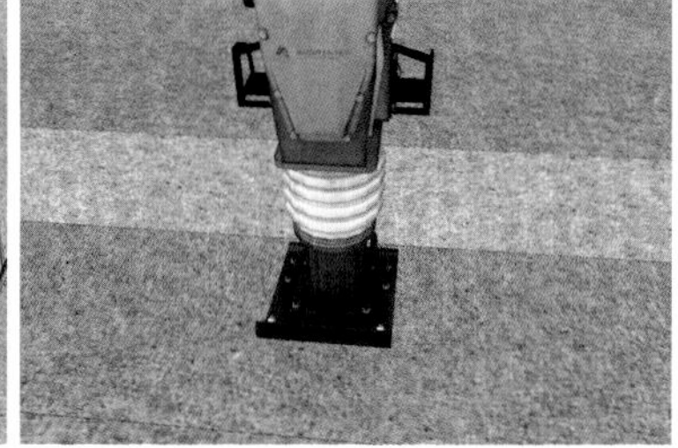

（b）夯实基坑

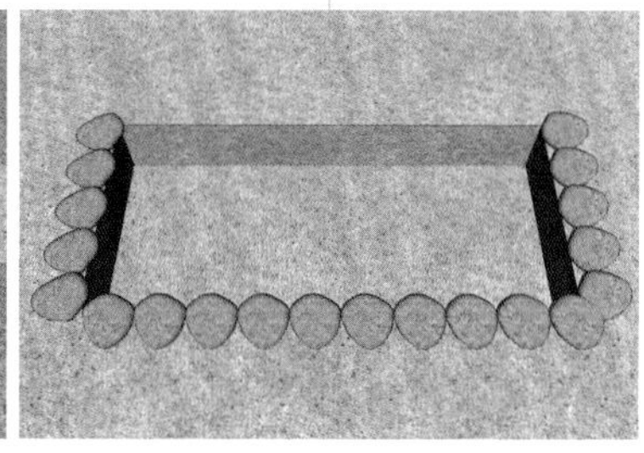

（c）卵石放线

将石料对接砌筑的部位裁切成平直状

调配 1 ： 2 水泥砂浆，并掺入 5%的纤维增强水泥砂浆韧性

在基坑底部铺设粒径为 30 mm 的碎石，碎石层厚 50 mm

（d）切割加工卵石

（e）调配水泥砂浆

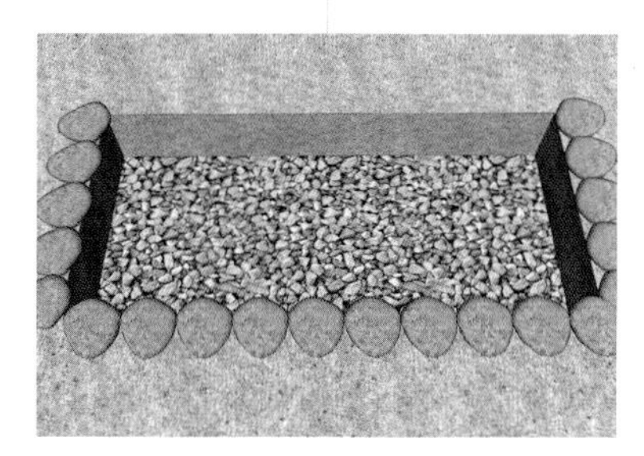

（f）砌筑基础卵石

用调配好的水泥砂浆砌筑整形后的山石，形成台阶踏面

继续用 1 ： 2 水泥砂浆将形体较小的石料嵌入围合的山石缝隙中

（g）砌筑卵石踏面

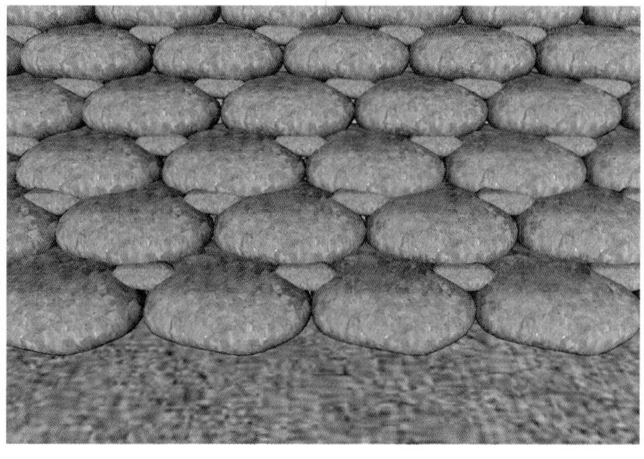

（h）填塞碎石

在山石缝隙处用 1 ： 1 水泥砂浆修饰整形

（i）修饰缝隙

砌筑完成后，用湿水养护 7 天

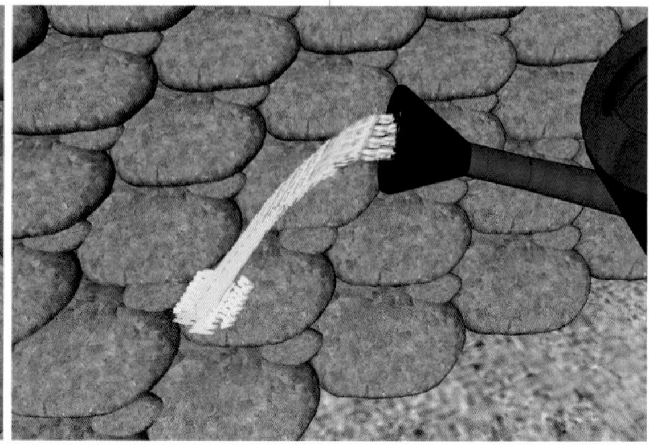

（j）湿水养护

卵石阶梯施工

4.2.4 山石雕塑

山石雕塑是一种硬质景观，泛指使用质地较硬的材料制作的景观，它与植被绿化这类软质景观相反。在庭院中，山石雕塑与周围的环境能共同塑造出一个完整的视觉形象，同时赋予庭院空间环境以生机和主题，通常以其小巧的体型、精美的造型来点缀空间，使空间诱人而富有意境，从而提高整体环境景观的艺术境界。

山石雕塑按功能分为纪念性、主题性、功能性与装饰性等。从表现形式上又可分为具象和抽象、动态和静态等。在布局上一定要注意其与周围环境的关系，恰如其分地确定雕塑的材质、色彩、体量、尺度、题材、位置等因素，展示其整体美、协调美。山石雕塑应该配合庭院的建筑、道路、绿化及其他公共服务设施来设置，起到点缀、装饰和丰富景观的作用。庭院中的山石雕塑应该具备人文内涵，切忌尺度过大，更不宜采用具有金属光泽的材料制作。

中式传统庭院中放置的水缸主要用于收集雨水，以备房屋灭火急用。现代庭院放置石水缸，主要以装饰为主，水缸外壁雕刻寓言故事相关图案或吉祥图案

石水缸

石灯笼主要用于日式风格庭院，虽然有夜间照明功能，但主要还是为了强化庭院风格

石灯笼

石狮子门墩

石狮子门墩多摆放在中式庭院大门外部，具有高贵、权威的寓意，是提升庭院规格的重要雕塑小品

石鸭子雕塑是庭院生机与财富的象征，多与庭院中的水池搭配。这类雕塑多为半具象造型，其造型虽然简单，但是识别度较高

石鸭子雕塑

寓言故事雕塑出现在庭院中具有教育与象征意义，形体规格较大，适合面积较大的庭院。人物雕塑造型较为抽象，以便让观赏者的注意力集中在雕塑的表意上

寓言故事雕塑

下面介绍一种山石雕塑的安装施工方法，需要着重注意雕塑底部的固定。

在庭院中央平整的地面上安装石质雕塑，需要强化地面的稳固性，避免用水泥砂浆等胶凝材料直接粘贴。由于接触面较小，粘贴部位容易开裂，所以要对雕塑底部进行加工，制作栓轴强化固定

石象雕塑

在成品石象底部一角钻孔。用电锤钻出 Φ12 mm 单孔，再在孔的周边钻出多个孔，最终形成 Φ40 mm 单孔，深 100 mm。需要在石象底部四角各加工出一个这样的孔

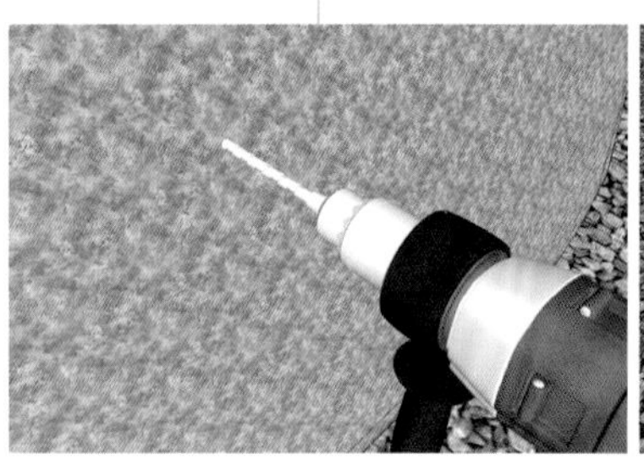

（a）在雕塑底部钻孔

在钻好的孔中填塞圆柱形泡沫塑料，可预先对泡沫塑料进行修剪整形。圆柱形泡沫塑料突出孔外 100 mm 左右

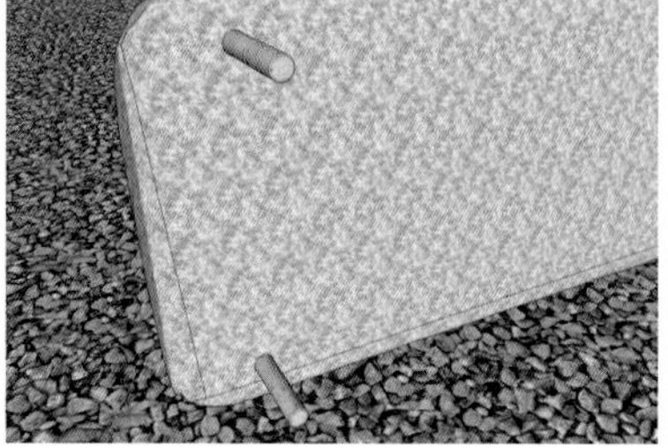

（b）孔中填塞泡沫塑料

对泡沫塑料外露端头喷漆，色彩不限

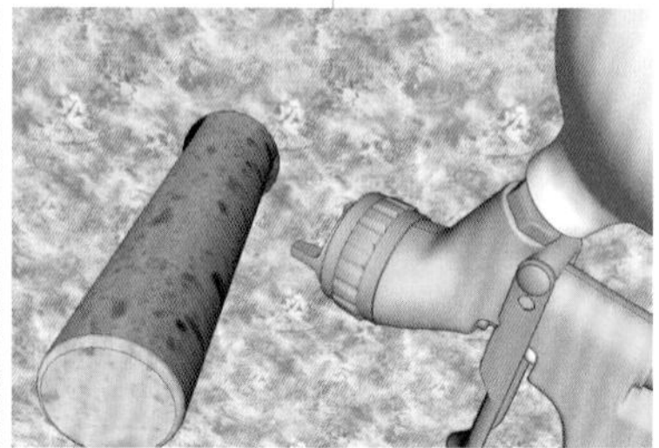

（c）对泡沫塑料端头喷涂油漆

将石象吊装至安装部位，放置在地面上，让喷漆泡沫塑料接触地面，留下印记，再将石象吊离至旁边待用

（d）雕塑预放定位

根据地面印记钻孔，孔径 30 mm，深 200 mm

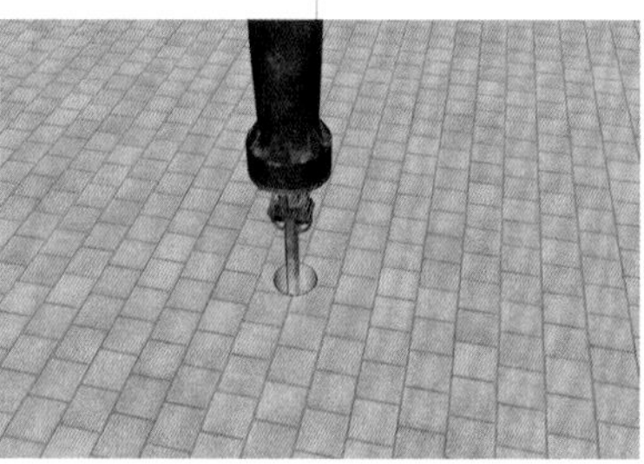

（e）地面钻孔

用切割机裁切 Φ12 mm 钢筋，长度为 280 mm

（f）裁切钢筋

对钢筋全身涂抹石材黏结剂

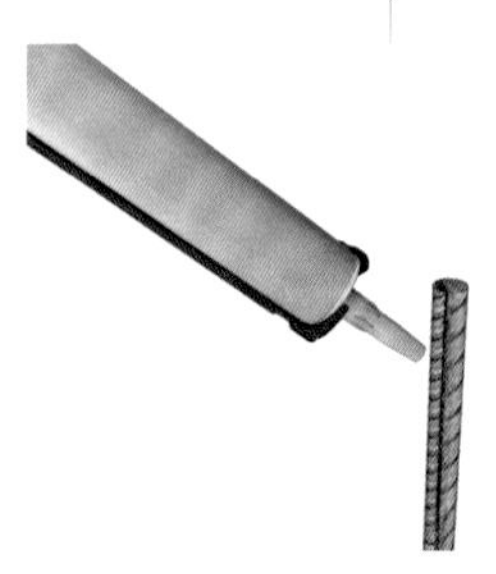

（g）对钢筋涂干挂胶

将 4 根钢筋绑扎在一起，插入地面的孔中，外露高度约 80 mm，并再次涂抹石材黏结剂

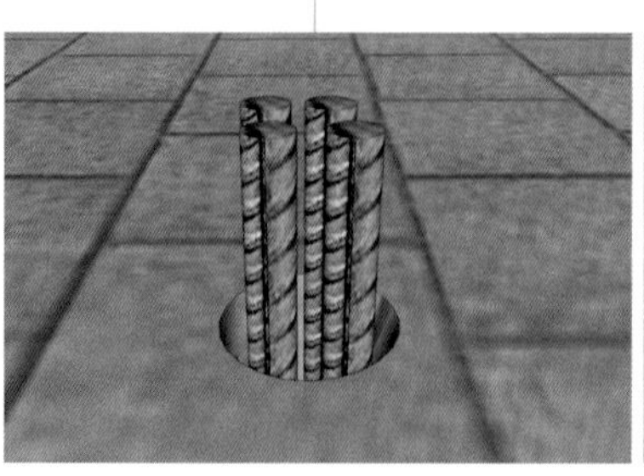

（h）将钢筋插入地面的孔中

用吊车将石象吊装至安装孔洞上，对正放置，让石象底部 4 个孔洞与地面外露钢筋完全对接

（i）将雕塑放置在钢筋栓轴上

石象雕塑安装施工

5 山石园景

山石园景

▲ 人造山石与天然山石相结合，搭配水景与绿化，形成山石园景造型，成为庭院中的核心观赏景点。

本章导读

山石在现代庭院中常凭借其形体、质地、色彩及意境成为观赏对象，可孤赏，也可做成假山园，可作为岸石，又可半露半埋来造景。将山石与土山及小地形结合起来，利用丰富多彩的旱生植物、岩生植物、沼泽及水生植物，可创造出独具特色的山石园景。

5.1 山石园景类型

山石园景以岩石及岩生植物为主，结合地形选择适当的沼泽、水生植物，展示高山草甸、牧场、碎石陡坡、峰峦溪流等人工塑造的自然景观，全园景观别致，富有野趣。山石园景在欧美各国比较流行，很多小庭院中建造有微型山石园景，这类园景容易与面积较小的庭院相协调。

山石园景搭配的岩生植物多半花色绚丽，体量小，惹人喜爱。为模拟自然高山景观，园林种植专业人员精心培育出一大批低矮、匍生，具有高山植物体形的变种，甚至原本高逾数十米的雪松、云杉、冷杉、铁杉等都有被培育出匍地类型的品种。

庭院的主要景观为山石，山石组合后形成富有层次感的园景造型。将山石进行环绕布置，在山石围合的区域开挖水池，同时布置灯光与少量绿化植物形成点缀效果

庭院山石园景

山石园景有多种类型，下面介绍几种常见的山石园景类型。

5.1.1 规则式

规则式山石园景是相对自然式而言的，常建于建筑前后的庭院中。山石铺装规整，多为对称造型。山石原料可全部为大山石，也可以全部为小山石，并搭配少量绿植。

山石与多肉植物是最佳搭配，多肉植物比较耐旱，山石铺设在多肉植物的土壤表面，能减少水分蒸发

地面铺设混凝土，并在表面用水泥砂浆收光，铺设行走步道，周边铺设大小中等的米黄色砾石作为衬托。石像是庭院山石的主景，为庭院增加禅意氛围

（a）盆栽绿植

（b）地面装饰

（c）贴墙绿化

规则式山石园景

受到庭院面积制约，少量绿植贴墙植栽，将庭院面积留给山石铺装，绿植成为山石园景中的围合软屏障

5.1.2 墙园式

墙园式山石园景利用各种石墙来营造庭院氛围。石料砌筑的墙体不只具有围合功能，还可以作为造景媒介，主要有高墙和矮墙两种。高墙高度在 1800 mm 以上，需做深度为 400 mm 的基础，矮墙的高度低于 1800 mm，基础可做 200 mm 的深度，或不做基础。建造墙园式的山石园景需注意墙面不宜垂直，而要向护土方向倾斜，山石插入土壤固定。山石墙体在竖直方向的缝隙要错开，不能直上直下，以免墙面不坚固。

将修饰后的山石根据形体拼接砌筑，外露出山石的本来质地，同时让其色彩交错分布，形成丰富的装饰效果

装饰石墙

石片叠加墙多用于花坛围合挡土，若面积小、高度低，一般不用水泥砂浆砌筑，直接摆放叠加即可。如果高度超过 800 mm，则要在上下层的石片之间涂抹少许水泥砂浆或瓷砖胶，这些胶凝材料不要向外溢出

石片叠加墙

用形体较大的卵石砌筑景墙时，墙体宜宽厚，墙体内部可用水泥砂浆粘贴，但不要外露溢出

卵石景墙

5.1.3 容器式

容器式山石园景指用石槽或各种废弃的水盆、水槽、水钵、石碗等容器种植各类植物，对庭院进行装点。种植前必须在容器底部凿几个排水孔，然后用碎砖、碎石铺在底层以利排水，上面再填入植物生长所需的肥土，种上岩生植物。这种种植方式便于管理和欣赏，可随处布置。

圆形带雕花造型的容器多用于欧式风格庭院，容器内种植观花灌木居多，摆放成对称状或序列状

槽型容器多用于中式庭院，内部种植观叶植物，多以集中组合的形式摆放，是庭院中重要的造景元素

雕刻花形容器

槽型容器

5.1.4 自然式

自然式山石园景以展现高山的地形及植物景观为主，并尽量引种高山植物。园址要选择在向阳、开阔、空气流通之处，不宜在墙下或林下。而庭院中的小岩石园，因为限于面积，所以常选择在小丘的南坡或东坡。

对庭院中的平地进行找平后，夯实地面土层，在其中点缀自然山石，对其余地面铺设碎石，并用耙子划出沟壑造型。碎石可分区域选用不同色彩、形体的石料，让地面铺装的效果更丰富

平地枯山水

面积较大的庭院可以将开挖出来的土壤堆积成土坡，土坡分层堆积，形成丘陵状，并在每个层级边缘摆放山石，搭配绿植。最终获得较真实的自然式山石园景

将造型效果并不突出的山石进行集中组合，既可集中在树木周边，又可集中在庭院边角，形成聚散有序、相互映衬的审美效果

自然坡地山石

庭院山石集中布置

庭院山石分散布置

如果庭院面积较大，且地面平整，则可以将山石分散放置在庭院边角。地面局部铺设碎石，并植栽少量绿化，让山石突显原始的自然生态美

5.2 山石园景设计

山石园景的地形改造十分重要，只有丰富的地形设计才能形成植物所需的多种生态环境，所以要模拟自然地形，应有隆起的山峰、山脊、山脉，下凹的山谷，布满碎石的陡坡，干涸的河床，曲折蜿蜒的溪流和小径，以及池塘与叠水等。由于流水是山石园景中的主要景观，所以要尽量将岩石与流水结合起来，使其具有声响，显得更加生机勃勃。在溪流两旁及溪流中的散石上种植植物，可使山石园景更为自然。山石园景的规模及面积不宜过大，植物种类不宜过多，否则，管理工作将非常烦琐。

5.2.1 山石选用

山石园景的用石要能为植物根系提供凉爽的环境，石隙中要能贮水，故要选择透气的岩石，具有吸收湿气的能力，坚硬不透气的花岗岩是不合适的。大量使用表面光滑、闪光的碎石也不合适，应选择表面起皱、美丽、厚实，符合自然岩石外形的石料。

最常用的有石灰岩、砾岩、砂岩等。由于岩石本身就是山石园景中的重要欣赏对象，所以置石的合理与否极为重要。岩石块的摆置方向应趋于一致，这样才符合自然界地层外貌。同时，应尽量模拟自然界的悬崖、瀑布、山洞、山坡造景。设计山石园景时，山石不宜太多，山石太多反而不自然。岩石块应至少埋入土中 30% ~ 50%，要将最漂亮的石面露出土面。

石灰岩外形美观。长期沉于水底的石灰岩，在水流的冲刷下，形成多孔、质地较轻、容易分割的特性。其缺点是在种植床中要填入较多的苔藓、泥炭、腐叶土等混合土，以降低 pH 值

石灰岩

砾石又叫布丁石，含铁元素，虽有利于植物生长，但岩石外形有棱有角或圆胖不雅，没有自然层次，多用于地面铺撒

砾石

红砂岩含铁多，吸水、保水能力好，缺点是过于疏松

红砂岩

山石园景的路径宜设计成柔和曲折的自然线路，小径上可铺设平坦的石块或铺路石碎片，在其边缘和石块间种植低矮植物，故意形成障碍，行人需小心翼翼避开植物，踩到石面上，使游赏更具自然野趣。

苏州留园中的山石为太湖石，属于石灰岩，造型多样，颜色为灰白色。山石围合而成的造型丰富自然，中间预留的道路蜿蜒曲折

苏州留园山石园景

白色卵石属于砾石的一种，是外形经过加工打磨后的砾石，形态较小，适用于墙角地面铺设，能遮挡泥土，透水透气

白色卵石

形体更小的瓜米石外形突出，属于砾石精加工产品。灰色瓜米石适用性较强，可用于地面夯实后的整体铺设

灰色瓜米石

形态不佳的红砂岩可嵌入地面，露出 60%，周边地面铺装的山石，是山石园景中的主要配置元素

当红砂岩表面形态平整，或经过加工雕琢后可竖立起来时，可用砖砌筑底座，对山石形成支撑，使其成为山石园景中的主要观赏元素

嵌入地面的红砂岩

独立竖起的红砂岩

5.2.2 土壤搭配

建立山石园景前必须用除萎剂除尽土壤中的多年生杂草，特别是具有很长走茎、生长茁壮的多年生杂草，以及自播繁衍能力极强的一年生杂草，当然这要经过几年努力才能见效。多数高山植物喜欢肥沃、疏松、透气及排水良好的土壤。土壤 pH 值为 6 ~ 7。在土壤中常掺入粗砂、腐叶土、骨粉及其他腐殖质。对大面积黏性很重的土壤，宜挖土 300 mm 深，先铺上 150 mm 厚的碎砖、碎石，再在上面覆盖 150 mm 混入砂和泥炭的原土。对于保水性差的砂土，则在地表 300 mm 厚的土层中加入泥炭、苔藓、堆肥，以提高土壤保水能力。

对山石周边墙面的植物进行清理，喷涂除萎剂，同时修剪影响观赏山石的枝叶

在地面开挖土层，开挖深度为 300 mm 左右

在基坑底部铺设粒径为 30 mm 的碎石，碎石层厚 50 mm

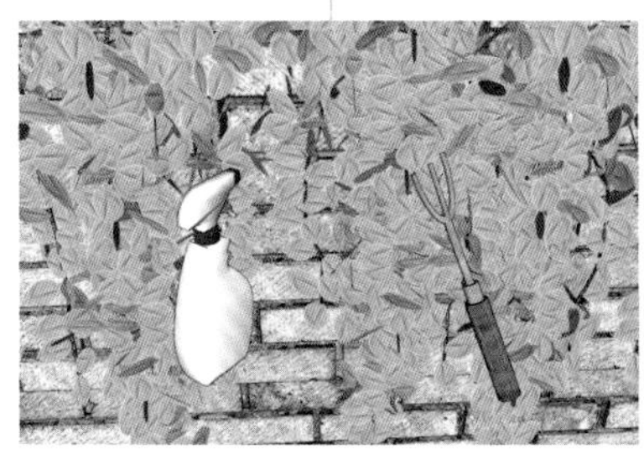

（a）墙面基层清理

（b）挖土

（c）铺设碎石

将山石放置在基坑中，摆放平整

配置混合土壤，各成分占比为原土壤 40%、腐叶土 40%、碎砂石 20%

将混合土壤填入基坑中，用铁锹整平压实，厚 100 mm

（d）放置山石

（e）配置基础土壤

（f）填入基础土壤

配置混合种植土壤，各成分占比为椰壳纤维 40%、腐叶土 40%、营养肥 10%、蛭石 10%

将种植土壤填入混合土壤层的上方，直至与地面平齐

（g）配置种植土壤

（h）填入种植土壤

山石园景地面土壤准备

夏季要创造凉爽湿润的土壤环境，冬季则要创造干燥和排水良好的土壤环境，不然有些具有莲座叶的高山植物容易因湿冷而腐烂死亡。自然的野生环境中，很多高山植物生长在被松散石块覆盖的坡地上，夏季融雪提供大量清凉的雪水，冬季有雪窝保护其越冬。在山石园景中可创造碎石缓坡来模拟这种自然环境，保证在夏季能获得足够的水分，并有良好的排水，而冬季又不会太过潮湿。当然，碎石缓坡的面积可大可小，甚至可以做成碎石栽植床，确保一些高山植物能生长良好。

嵌入土壤中的山石可以稳固土壤，避免水土流失。嵌入的山石要尽量均衡布置，适用于庭院中的坡地

嵌入土壤的山石

散落在乔木周边的山石能防止树木移栽后的地垄松弛，同时能呼应地垄造型

在地表的山石

山石园景中的栽植池是极为重要的。除在摆置大石块时留出石隙与间隔，再填入各种栽植土壤外，多数庭院要砌出栽植池。栽植池一般下挖 600 mm，最底部的 200 mm 用不透水的碎石、黏土或水泥砂浆砌成。在边缘留一排水沟，填入 200 mm 深的碎石或其他排水良好的物质。然后填入 150 mm 深、径粒为 40 ~ 50 mm 的粗石，使之堵住大石块之间的缝隙，也可阻止上面的砂石下沉堵塞排水孔。最上面再覆盖厚 50 mm 的种植土壤，种植土壤用园土、腐叶土和易保水的小碎石片均匀混合而成。在种植土壤上再撒些小卵石或小碎石，以隔开土表，既方便自然雨水下渗，又可以保护植物的根部。平时打开排水孔，以便雨水顺畅地排走，旱季堵上排水孔，以便保持土壤湿度。排水孔流出的水可汇集到一起流入池塘，池中和池边种植水生、沼生植物。砌筑栽植床时，必须注意底部要略朝外倾斜，以利排水。

在庭院中开挖土层，将地势较低的区域作为植栽池。在日常活动不涉及植栽池的区域，用山石砌筑地台平面，以此来满足人们的休闲活动用途

栽植池

植栽池适合面积较大的庭院，下面介绍山石园景中植栽池的施工方法。

用激光水平仪在地面放线定位，将钢筋插入地面作为标记

（a）放线定位

在地面开挖土层，开挖深度为 400 mm 左右

（b）挖土

在池底地势较低的位置开挖排水沟，并安装 Φ75 mm PVC 排水管，连通至池外的排水沟或排水井

（c）挖排水沟

用打夯机夯实基坑底部，并放置大型山石

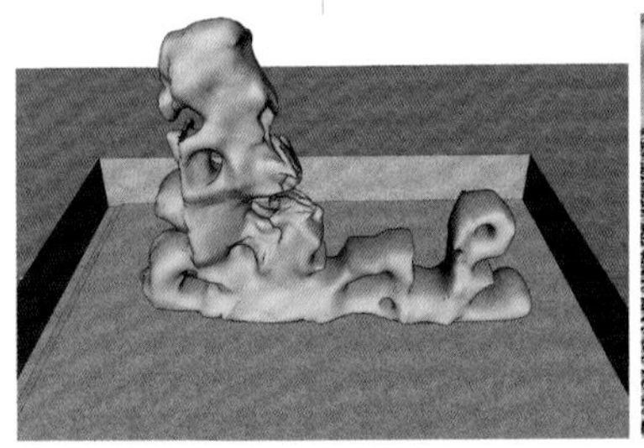

（d）放置大山石

在基坑底部铺设粒径为 30 mm 的碎石，碎石层厚 50 mm

（e）铺设碎石

在碎石层上方的排水沟处，用轻质砖与 1 ：2 水泥砂浆砌筑排水沟，排水沟高 300 mm，宽 150 mm

（f）砌筑排水沟

在排水沟内铺设粒径为 10 mm 的碎石，碎石层厚 30 mm

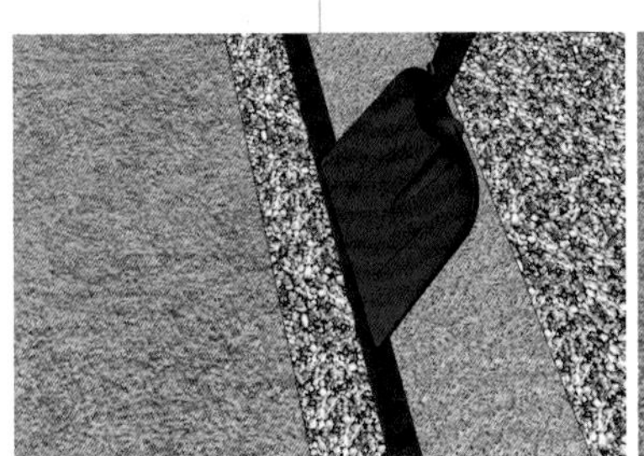

（g）排水沟内铺设小碎石

继续在排水沟内铺设粒径为 60 ~ 80 mm 的大碎石，用碎石填满排水沟

（h）排水沟内铺设大碎石

配置混合土壤，各成分占比为椰壳纤维 40%、腐叶土 40%、营养肥 10%、蛭石 10%

（i）配置种植土壤

将种植土壤铺在基坑碎石层上，直至与地面平齐

在种植土壤的表面铺设小卵石或小碎石，形成装饰

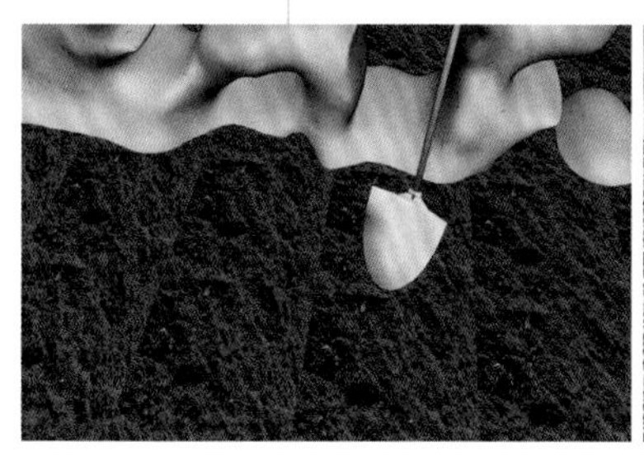

（j）铺种植土壤

（k）铺设小卵石或小碎石

山石园景植栽池施工

5.2.3 绿化配植

从微观的植物景观来看，不同的生态环境生长着不同的植物，具有相同生态习性的植物长在一处，有喜阳的、耐阴的、喜潮湿沼泽的、喜排水良好的等。有时一处缝隙中长着好几种植物。这些自然景观都是山石园景植物配植时良好的素材和样本。每一丛植物种类的多少及面积的大小要视岩石的大小而定，同时要兼顾色彩上的视觉效果。

岩生植物应选择植株低矮、生长缓慢、节间短、叶小、开花繁茂和色彩绚丽的种类。一般来讲，木本植物是否入选主要取决于高度；多年生花卉应尽量选用小球茎和小型宿根花卉；低矮的一年生草本花卉常用作临时性材料，是填充被遗漏石隙的理想材料。

山石缝隙中的植物多为观花类灌木，花型较小，根茎生长较短，不会遮挡山石形体

山石缝隙植物

山石区域的植物可选用多种观花、观叶植物混搭，形成片区覆盖，具有良好的层次

水池旁的山石缝隙多选种亲水植物，或生长在水中的植物，茎秆较长

山石区域植物

山石水景植物

岩生植物种类繁多，世界上已流行应用的有 2000 ~ 3000 种，主要为以下四大类。

苔藓植物。大多为阴生、湿生植物，很多种类能附生于岩石表面，点缀岩石，非常美丽。苔藓植物还能使岩石表面含蓄水分和养分，使岩石富有生机

蕨类植物。很多能与岩石伴生，是一类别具风姿的观叶植物，比如石松、卷柏、紫萁、铁线蕨、石韦等

裸子植物。大部分为乔木，可作为岩石园外围背景布置，例如球桧、圆球柳杉，很适合在岩石园布置。还有少数矮生松柏类植物，比如铺地柏和铺地龙柏，均无直立主干，枝干匍匐平伸生长，爬卧于岩石上，苍翠欲滴

被子植物。其中一些科属的植物属于典型的高山岩石植物，不少科属观赏价值很高。例如石蒜、百合、鸢尾、天南星等均为美丽的岩石植物

苔藓植物——葫芦藓

蕨类植物——肾蕨

裸子植物——铺地柏

被子植物——石蒜

5.3 山石庭院设计案例

5.3.1 日式枯山水庭院

日式枯山水庭院一般面积较小，多在庭院空间中铺设浅色碎石，模仿水面形态。其他构造则围绕枯山水造型展开，形成丰富且别致的庭院设计。

庭院面积较小，在日式室内装饰风格的基础上，对庭院全局进行山石化设计，运用大量瓜米石材料铺设，营造枯山水造型

庭院鸟瞰图

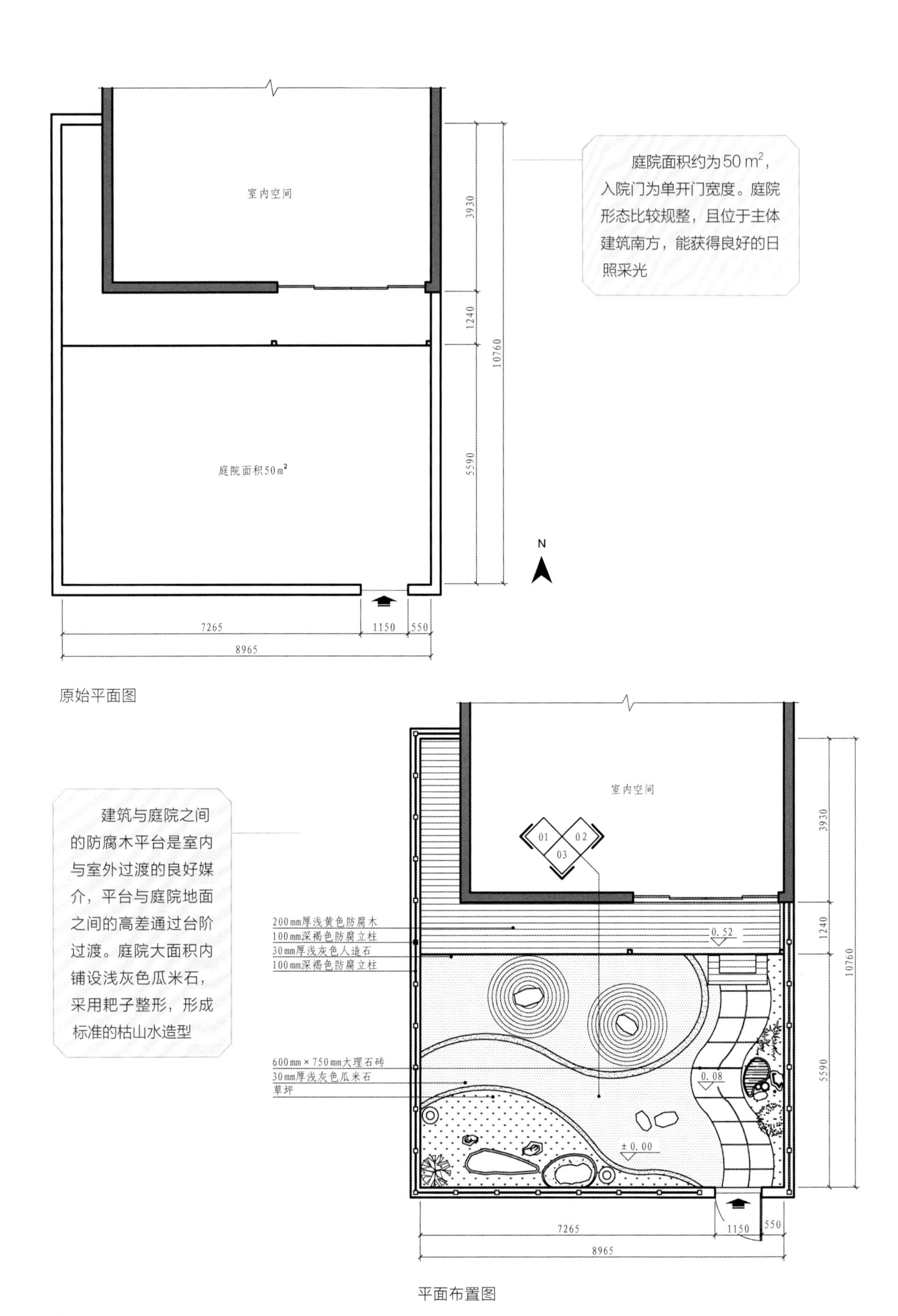

庭院面积约为50 m²，入院门为单开门宽度。庭院形态比较规整，且位于主体建筑南方，能获得良好的日照采光

原始平面图

建筑与庭院之间的防腐木平台是室内与室外过渡的良好媒介，平台与庭院地面之间的高差通过台阶过渡。庭院大面积内铺设浅灰色瓜米石，采用耙子整形，形成标准的枯山水造型

平面布置图

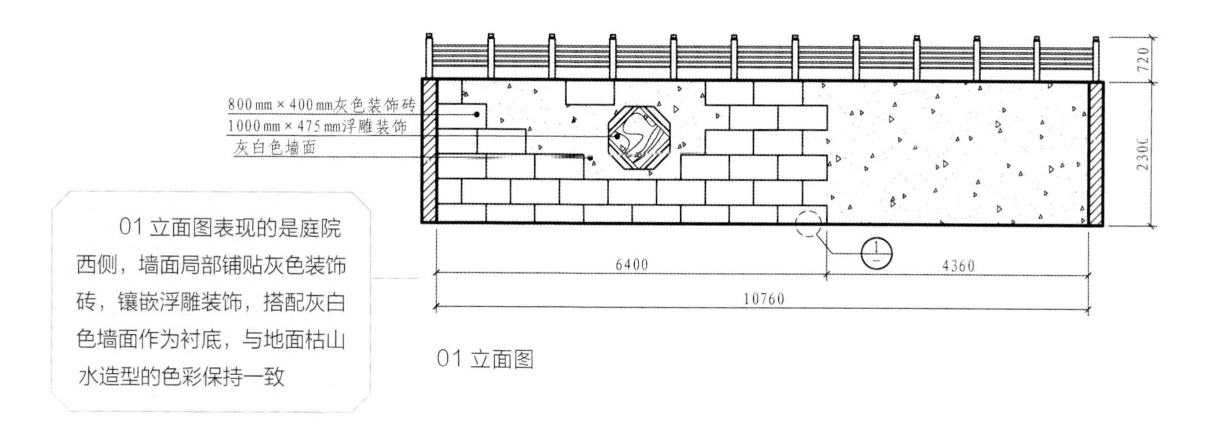

01 立面图表现的是庭院西侧，墙面局部铺贴灰色装饰砖，镶嵌浮雕装饰，搭配灰白色墙面作为衬底，与地面枯山水造型的色彩保持一致

01 立面图

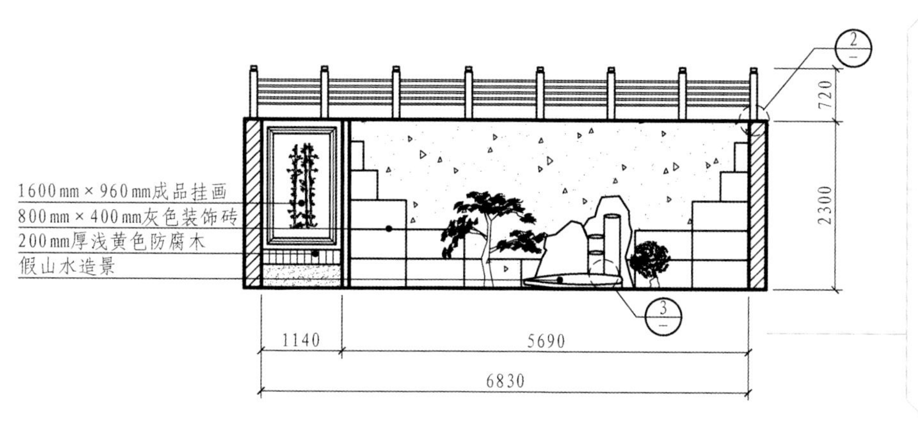

02 立面图表现的是庭院东侧，是进入庭院后的主要景观墙面，贴墙设计假山石，地面上设计弧形区域围合。墙面局部铺贴灰色装饰砖，墙面装饰造型能衬托水池内的主体石景

02 立面图

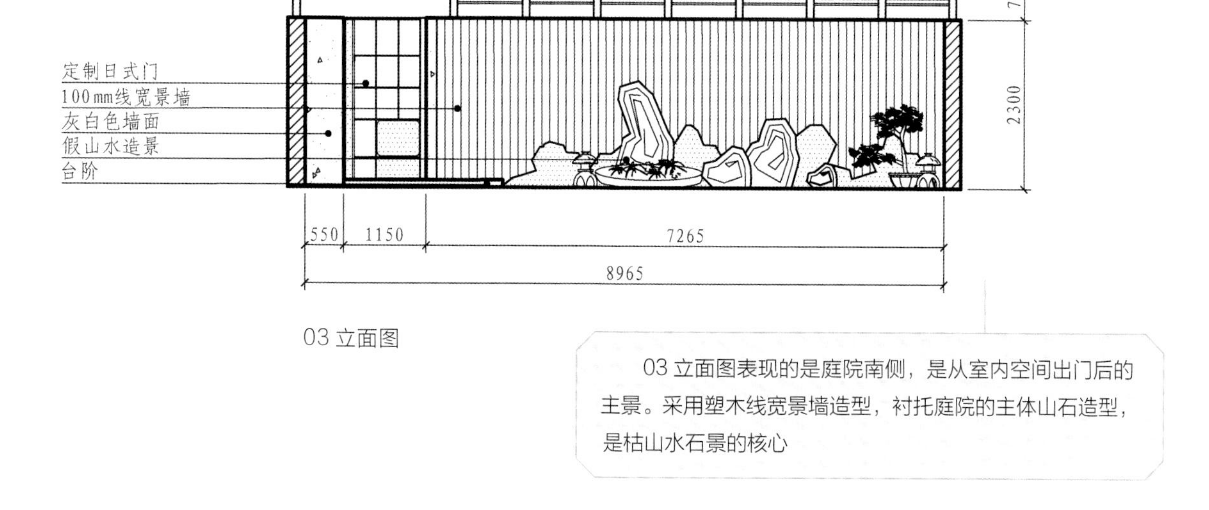

03 立面图

03 立面图表现的是庭院南侧，是从室内空间出门后的主景。采用塑木线宽景墙造型，衬托庭院的主体山石造型，是枯山水石景的核心

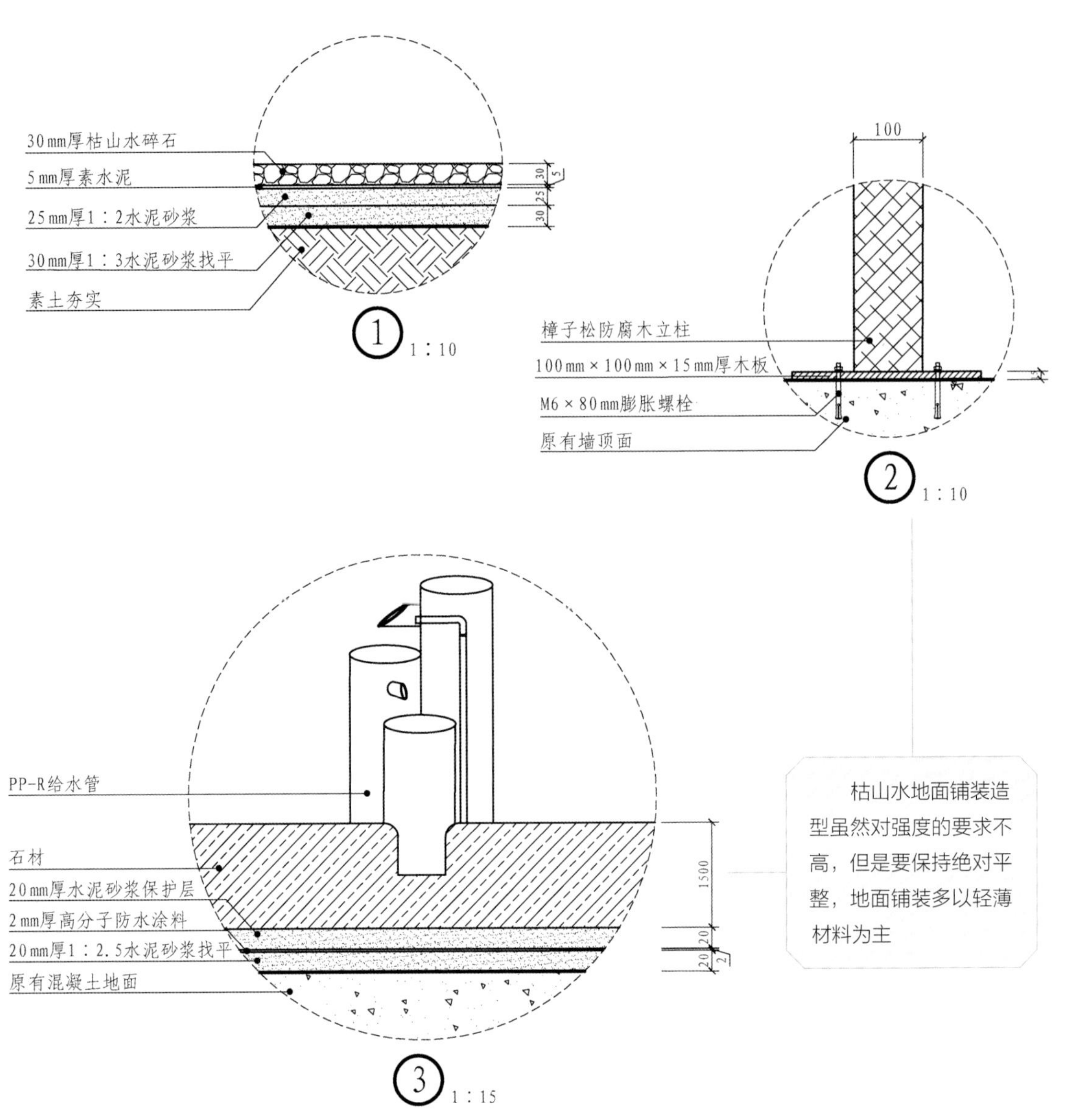

枯山水地面铺装造型虽然对强度的要求不高，但是要保持绝对平整，地面铺装多以轻薄材料为主

构造详图

多角度效果图（一）

多角度效果图（二）

浅灰色主调需要有强烈的光照才能细分出层次感，枯山水的氛围营造关键在于整形，需要长期保持地面造型整齐一致，主体山石需要有背景墙体的衬托，形成丰富的日式山水画面效果

5.3.2 现代简约山石庭院

现代简约山石庭院追求功能多样紧凑，即在有限的空间内拓展无限的功能。造型虽然简洁但是视觉层次丰富，选材用料没有限定，可发挥的余地较大。

现代简约山石庭院内可多向布置山石，将山石造型设计为集中、分散、铺装等多种形态。以地面铺装为主，向墙面、景观集中处延伸，形成以点到线、以线覆面的视觉效果

庭院鸟瞰图

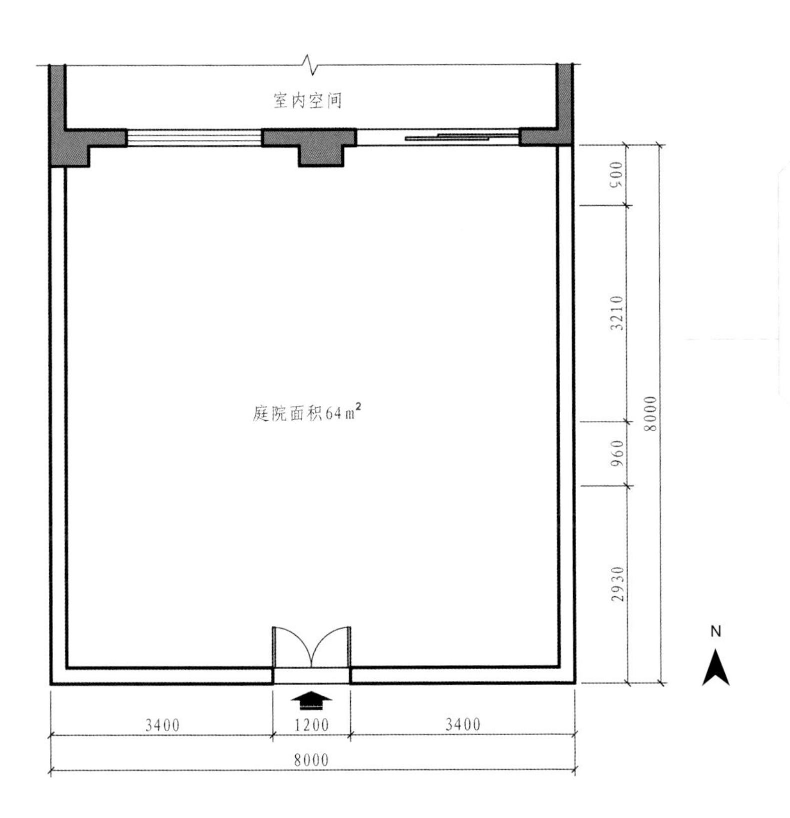

庭院面积约 64 m²，入院门为双开对中门，庭院造型具有对称性，外轮廓呈正方形，位于主体建筑南方，能获得良好的日照采光。设计时要避免僵硬呆板

原始平面图

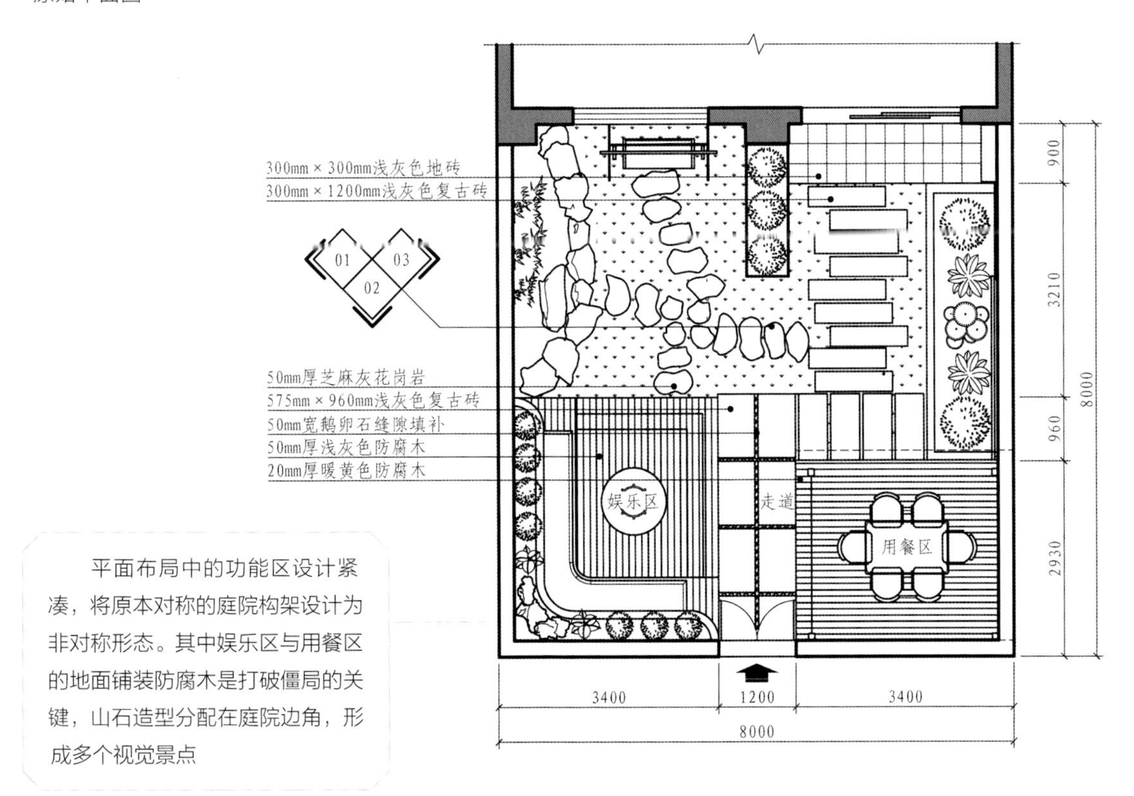

平面布局中的功能区设计紧凑，将原本对称的庭院构架设计为非对称形态。其中娱乐区与用餐区的地面铺装防腐木是打破僵局的关键，山石造型分配在庭院边角，形成多个视觉景点

平面布置图

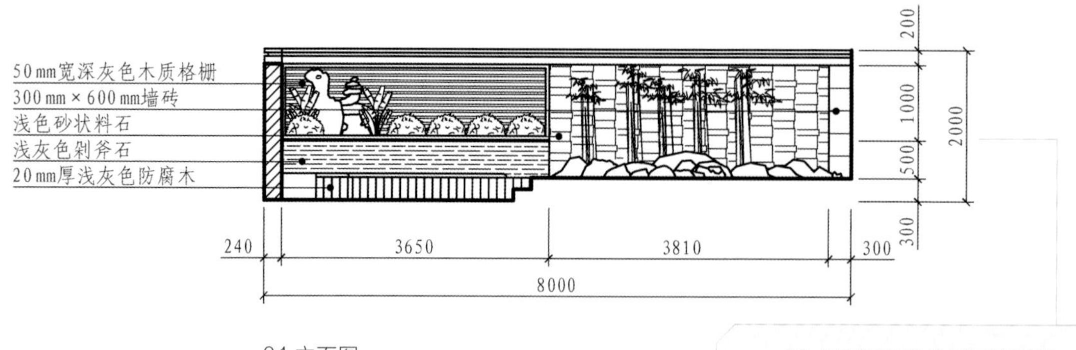

01 立面图

01 立面图表现的是庭院西侧，是山石造型设计的主景。既有集中布置的仿制假山石，又有环绕堆砌的花台，集中与分散在此形成对比

02 立面图表现的是庭院南侧，主要采用防腐木打造具有亲和力的休闲景观区

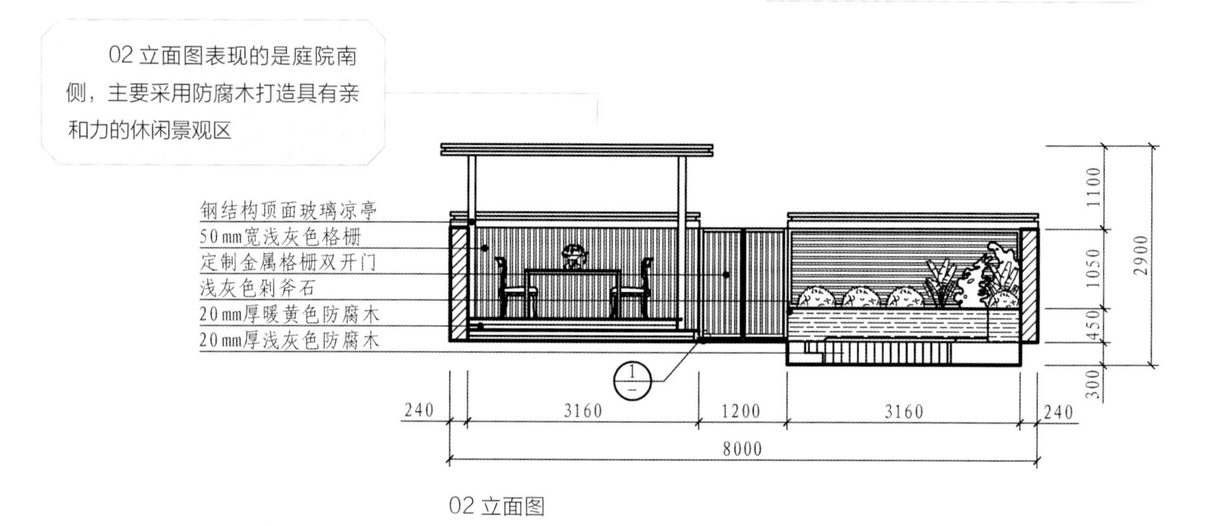

02 立面图

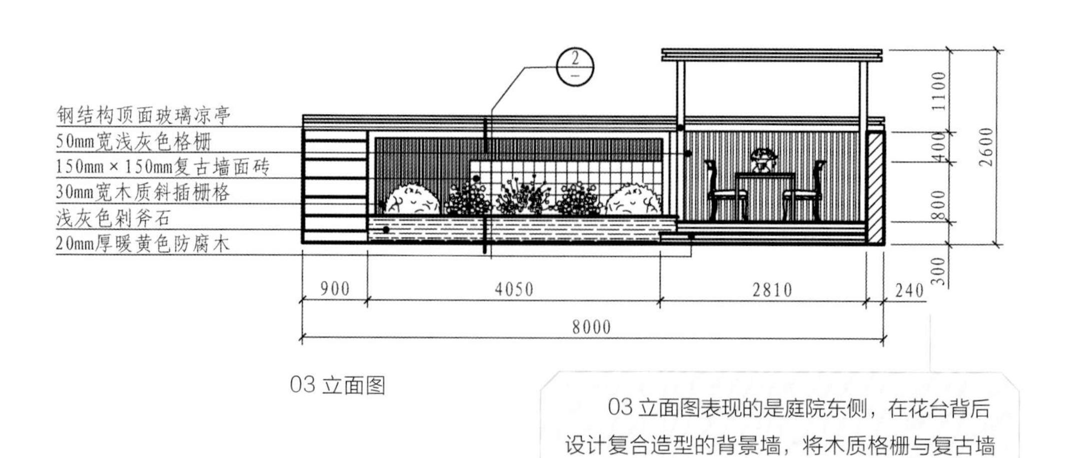

03 立面图

03 立面图表现的是庭院东侧，在花台背后设计复合造型的背景墙，将木质格栅与复古墙面组合，形成多层级背景墙

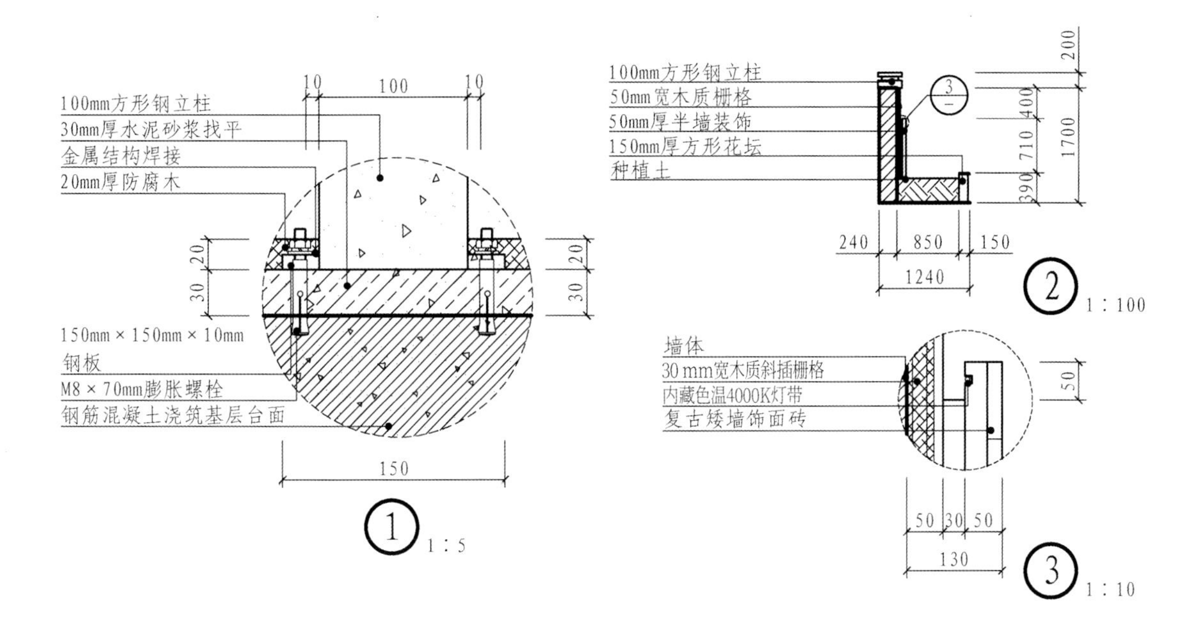

构造详图

构造详图中尽量表现立面图中无法细化的结构，将安装构造与灯具照明设备详细绘制

鸟瞰效果图

从高空垂直鸟瞰，庭院布局一览无余。山石的立体感在光线照射下清晰明了，庭院布置体现了丰富的层次感

区域效果图

局部设计要营造出场景氛围，表现出每个功能区独特的视觉效果。山石铺装、假山塑造都具有相对独立性，同时，地面的层次设计多样化，在有限的面积内给人以无限的遐想

局部效果图

局部设计追求材料的质地对比，墙面使用多种材质，既现代又有些许古典元素。机械生硬的材料组合被山石与绿化衬托，形成曲直对比、动静对比，丰富庭院中的微观空间

5.3.3 露台山石庭院

露台位于建筑顶部，承载力有限，在设计露台山石庭院时，要充分考虑楼板的载荷，住宅建筑楼板的安全载荷为小于或等于 500kg/m^2。在设计施工过程中，要注意轻量化处理山石，强化庭院的使用功能。

由于露台无周边建筑阴影，所以鸟瞰视角较低，主要山石构筑物贴近周边墙体，将重物安置在屋顶基础周边的横梁上，对安全有保障

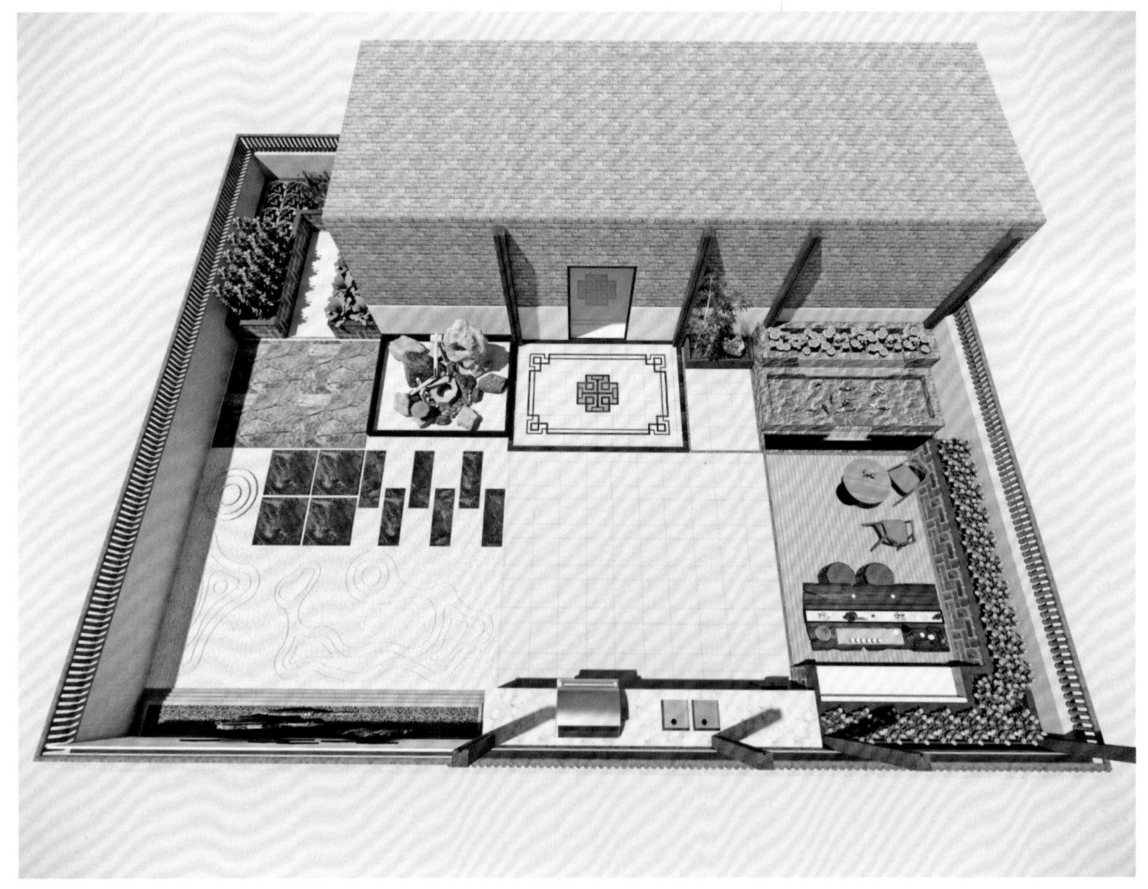

庭院鸟瞰图

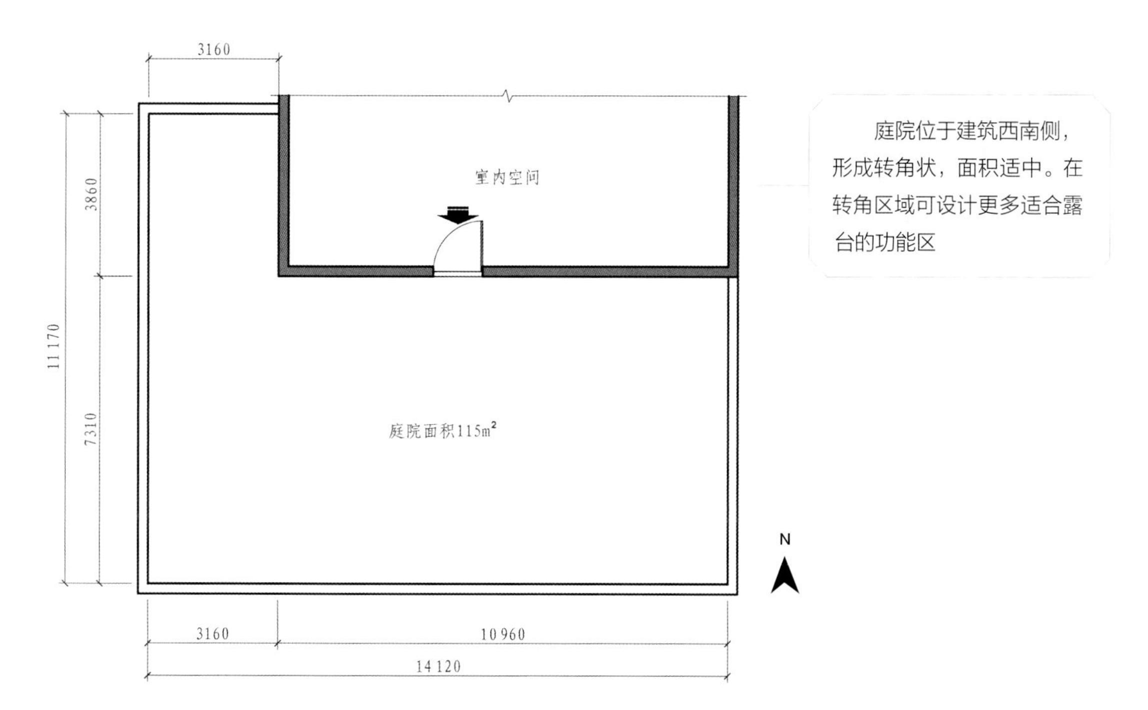
3160
室内空间
3860
11 170
7310
庭院面积115m²
N
3160
10 960
14 120
庭院位于建筑西南侧，形成转角状，面积适中。在转角区域可设计更多适合露台的功能区

原始平面图

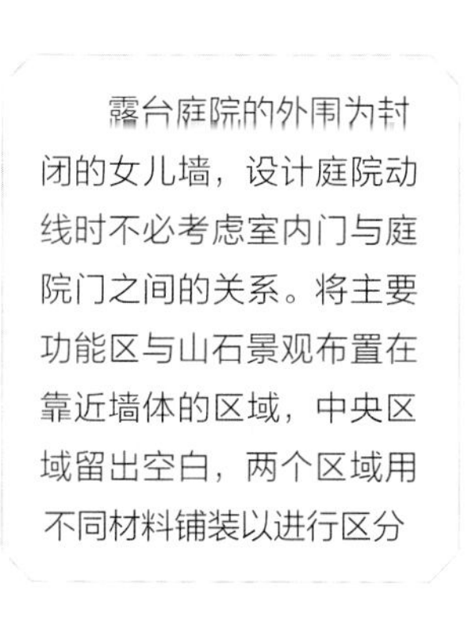
露台庭院的外围为封闭的女儿墙，设计庭院动线时不必考虑室内门与庭院门之间的关系。将主要功能区与山石景观布置在靠近墙体的区域，中央区域留出空白，两个区域用不同材料铺装以进行区分

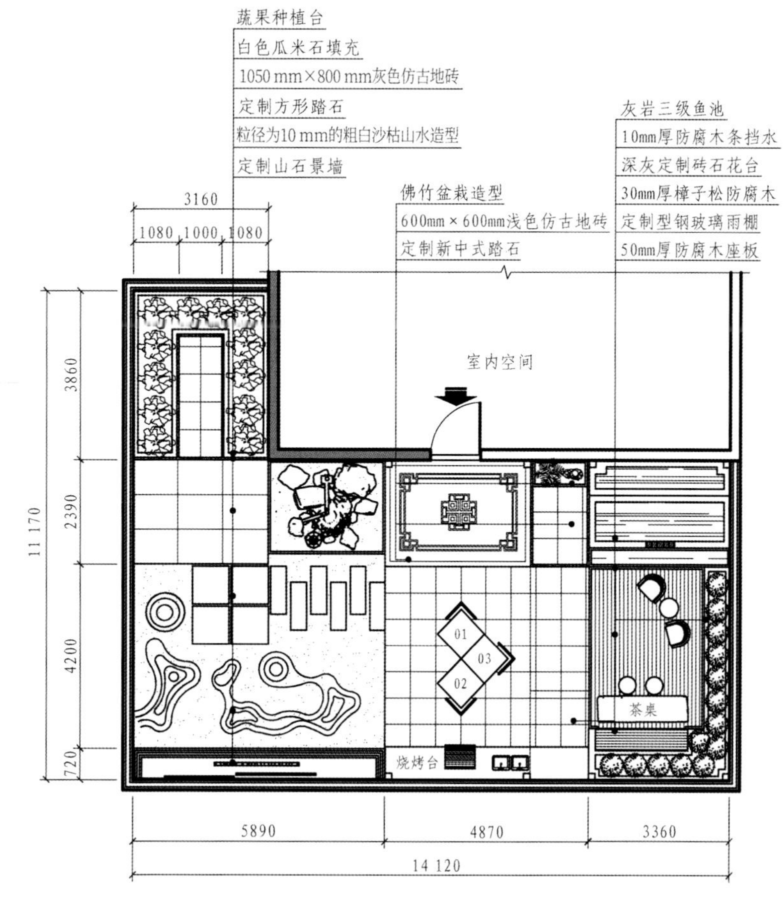
蔬果种植台
白色瓜米石填充
1050 mm×800 mm灰色仿古地砖
定制方形踏石
粒径为10 mm的粗白沙枯山水造型
定制山石景墙
佛竹盆栽造型
600mm×600mm浅色仿古地砖
定制新中式踏石
灰岩三级鱼池
10mm厚防腐木条挡水
深灰定制砖石花台
30mm厚樟子松防腐木
定制型钢玻璃雨棚
50mm厚防腐木座板
3160
1080
1000
1080
室内空间
3860
2390
11 170
4200
720
01
02
03
茶桌
烧烤台
5890
4870
3360
14 120

平面布置图

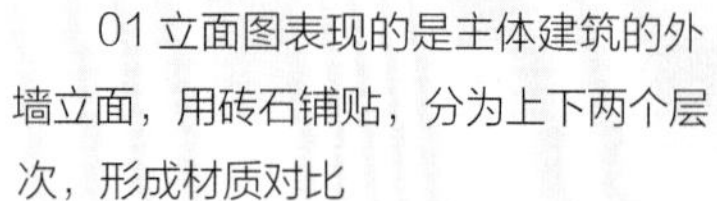

01 立面图表现的是主体建筑的外墙立面，用砖石铺贴，分为上下两个层次，形成材质对比

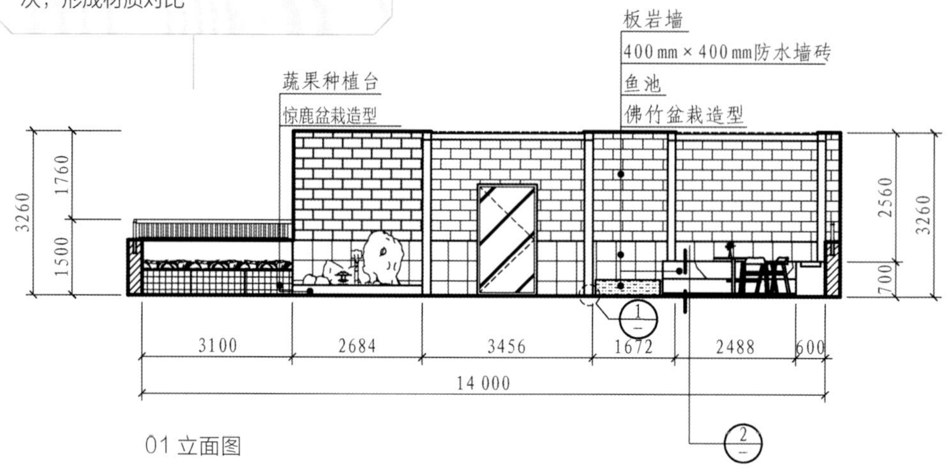

01 立面图

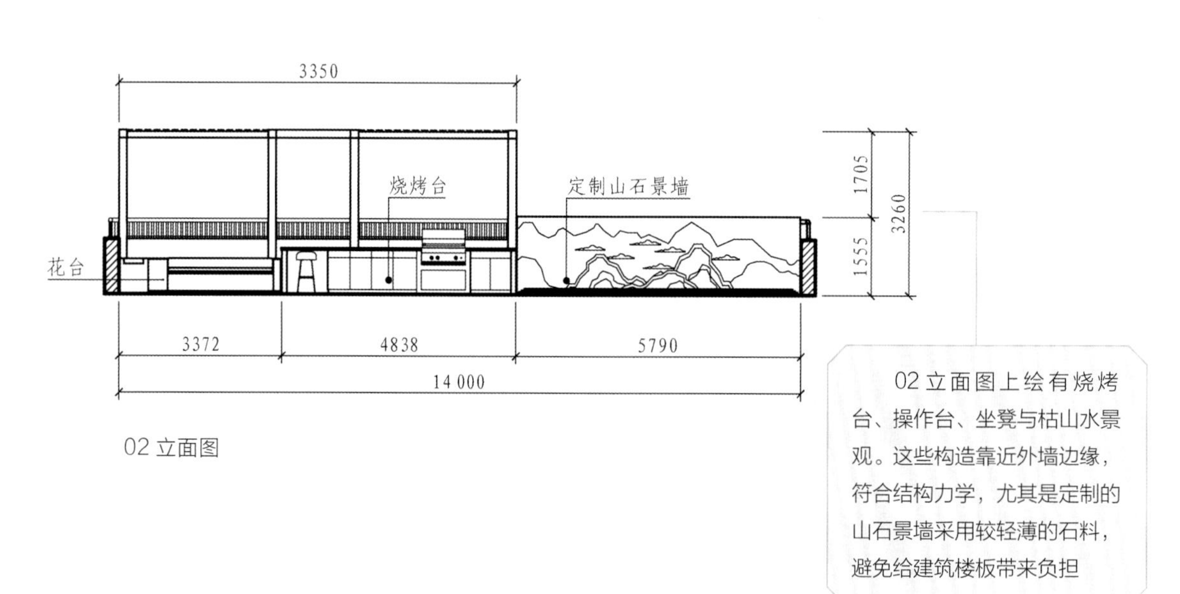

02 立面图

02 立面图上绘有烧烤台、操作台、坐凳与枯山水景观。这些构造靠近外墙边缘，符合结构力学，尤其是定制的山石景墙采用较轻薄的石料，避免给建筑楼板带来负担

03 立面图表现的是庭院东侧，用防腐木制作的休闲平台，摆放着茶桌，搭配叠水池水景造型，并带有遮阳棚，是露台上户外活动的主要区域

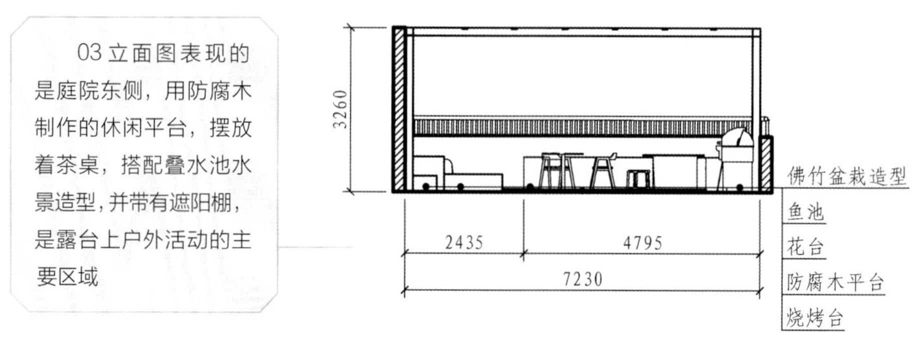

03 立面图

构造详图主要表现遮阳棚立柱的安装节点，详细展示了叠水池剖面造型，让水流层级关系一目了然

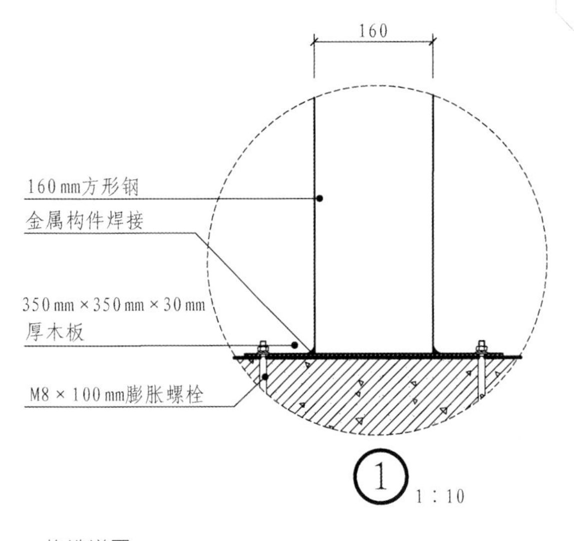

150 150 400 150 900 150 50 335 50
350
350
130
防水涂料处理
20 mm厚灰岩铺贴
砖墙混凝土
循环输水管
2
1：50

构造详图

庭院鸟瞰图

露台设计有遮阳棚，在鸟瞰图中需要拿掉遮阳棚顶盖，清晰表现庭院整体布局

区域效果图（一）

露台庭院的每个区域都进行了精细化设计。主体是小体量日式枯山水的山石组合，堆砌高度在1m左右，减少了露台楼板的压力

区域效果图（二）

阳光透过遮阳棚形成的阴影投射在露台上，露台所有区域都呈现出较强的明暗层次，投影分布在地面与家具表面，丰富了庭院景观的装饰效果

露台局部特别注重细节塑造，小到家具配饰，大到地面铺装与鱼池叠水，都经过现代风格设计，形成精致的视觉格调

局部效果图

5.3.4 花园山石庭院

花园是面积相对较大的庭院，是建筑与自然相融合的户外空间。花园中的山石设计更加自由，以山石为主要创意元素，附加多种功能构筑物，形成既开阔又紧凑的多功能区。

庭院鸟瞰图

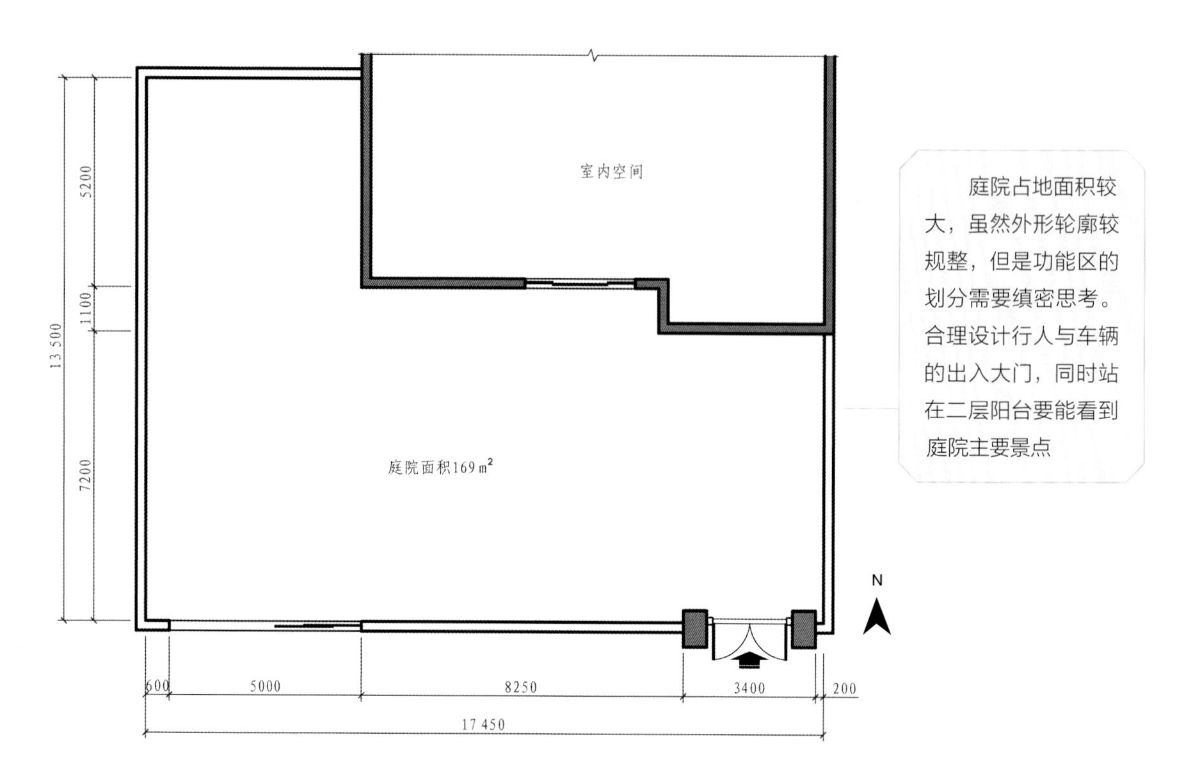

原始平面图

庭院占地面积较大，虽然外形轮廓较规整，但是功能区的划分需要缜密思考。合理设计行人与车辆的出入大门，同时站在二层阳台要能看到庭院主要景点

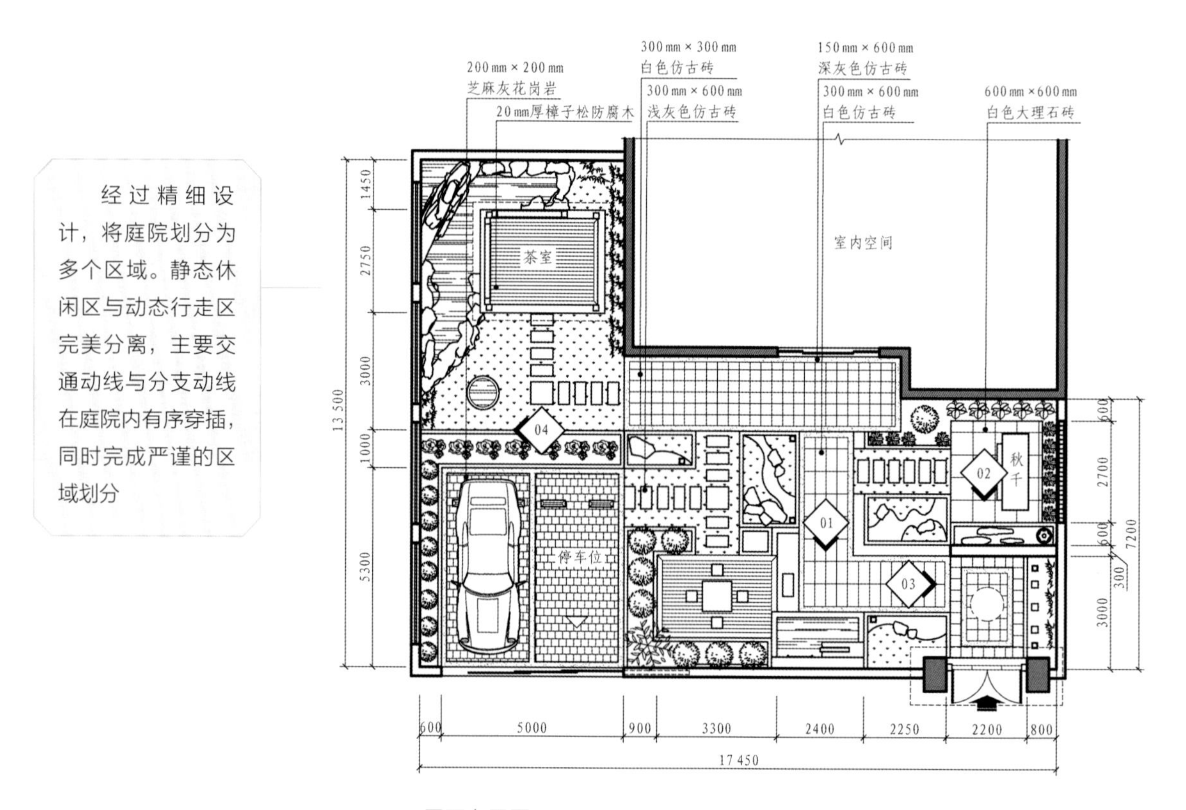

经过精细设计，将庭院划分为多个区域。静态休闲区与动态行走区完美分离，主要交通动线与分支动线在庭院内有序穿插，同时完成严谨的区域划分

平面布置图

01 立面图表现的是庭院南侧，设计有现代风格的水景墙，是入院门旁的主要视觉中心

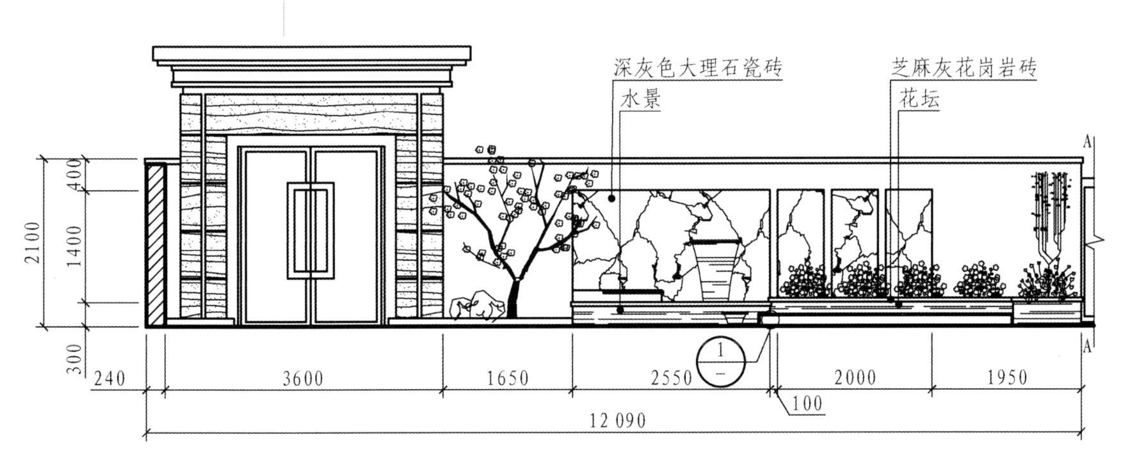

01 立面图（一）

行车出入门采用滑动门设计，可满足两辆车出入且顺利停放的需求

02 立面图表现的是庭院东侧人行出入口的景墙背后，轻质山石与木格栅漏窗作为主景，透过景窗能看到大门

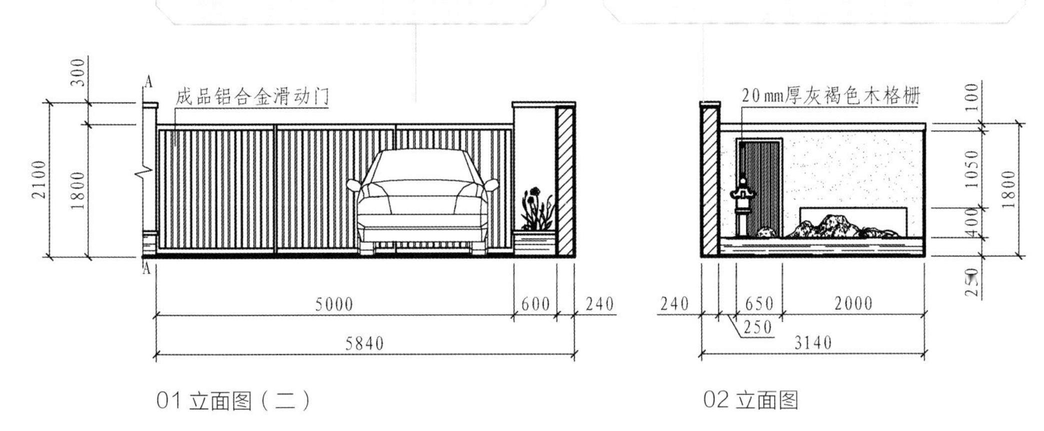

01 立面图（二）

02 立面图

03 立面图表现的是庭院东侧，中央有景墙分隔，形成内外两片区域。外部区域有竹子贴墙种植，造型简洁；内部区域的墙面设计空心砖造型，给秋千作背景

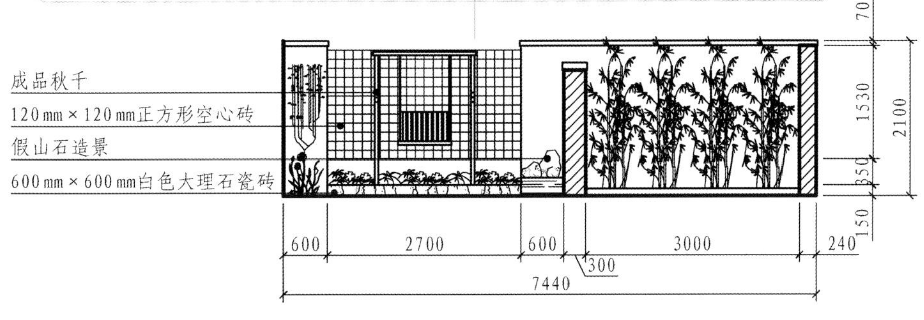

03 立面图

04 立面图表现的是庭院西侧，用钢管围合成的庭院围栏，保证了内外视线的通透，搭配形态较复杂的山石水景与玻璃凉亭，打造成庭院的休闲核心区

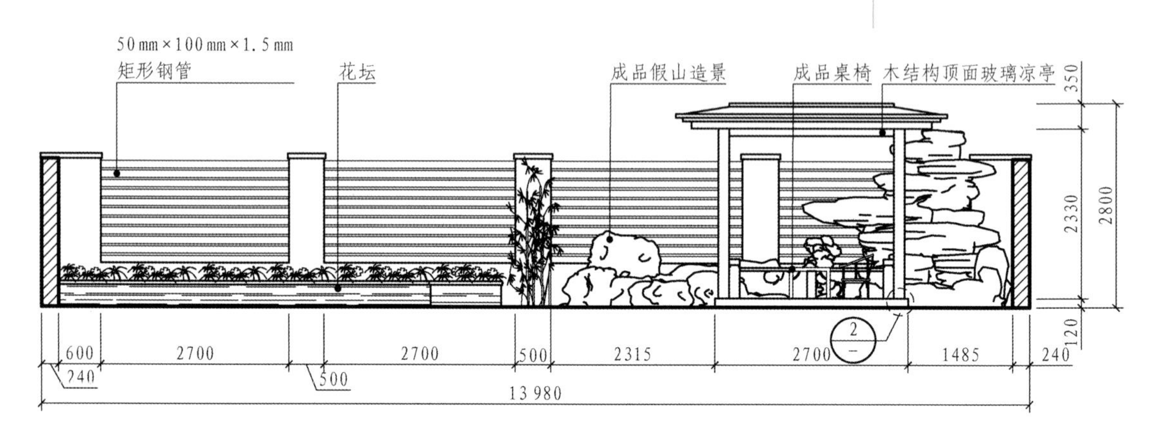

04 立面图

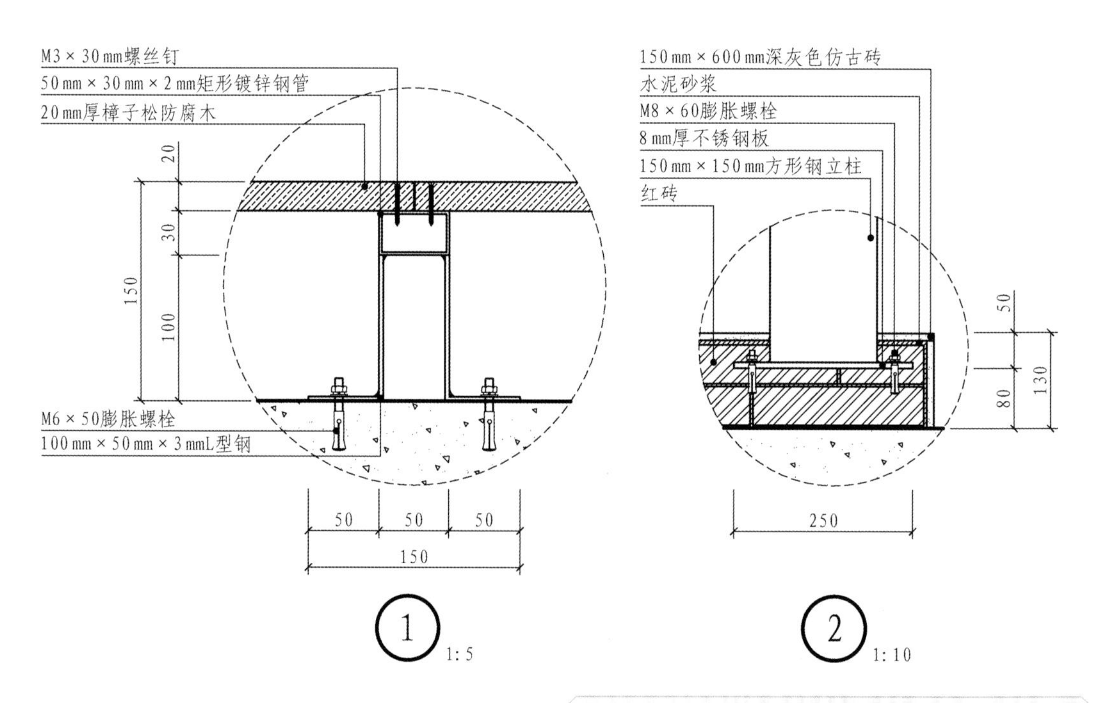

构造详图

构造详图突出表现了防腐木与亭子立柱的安装逻辑，保障稳固的同时，从外部也看不到螺栓的存在

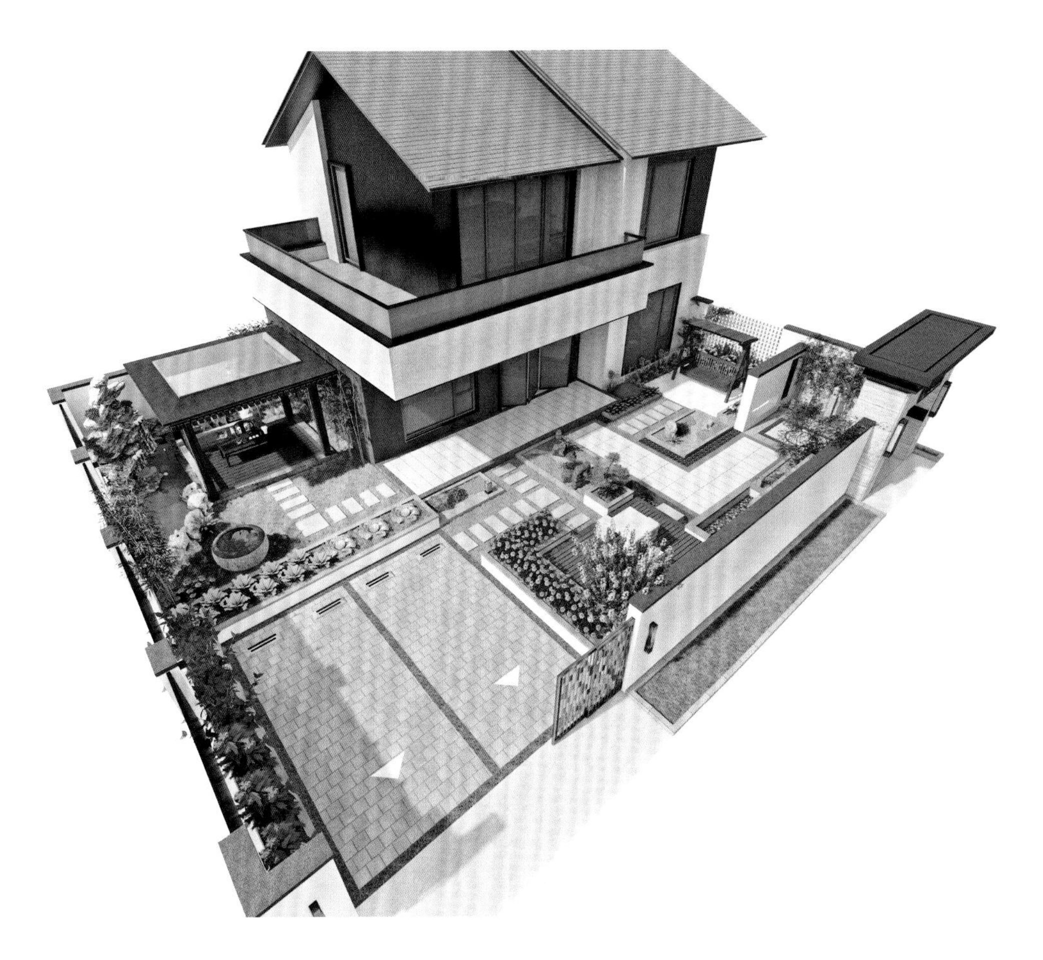

中景鸟瞰图（一）

中景鸟瞰图（二）

中景鸟瞰的高度较低，能覆盖庭院的局部区域，可清晰表现出庭院中复杂的布局造型。在光影中呈现的层次与对比均能满足庭院的审美需求

区域效果图（一）

每个区域均以真实视角来观赏庭院场景，将庭院的开阔区与闭塞区都表现得淋漓极致。特别是突出了庭院家具的设计细节

区域效果图（二）

山石家具与山石配景相融合，形成紧凑的布局，让面积较大的庭院变得丰富多彩，没有苍白的空余区域

区域效果图（三）

区域效果图（四）

庭院局部的细节多采用成品件填补，做工良好，是高端庭院设计的品质表现